GB/T 34281—2017
《全民健身活动中心分类配置要求》
国家标准应用指南

全国体育标准化技术委员会设施设备分技术委员会
北京华安联合认证检测中心有限公司　编著

中国质检出版社
中国标准出版社
北　京

图书在版编目(CIP)数据

GB/T 34281—2017《全民健身活动中心分类配置要求》国家标准应用指南/全国体育标准化技术委员会设施设备分技术委员会,北京华安联合认证检测中心有限公司编著.—北京:中国标准出版社,2019.1

ISBN 978-7-5066-9154-3

Ⅰ.①G… Ⅱ.①全…②北… Ⅲ.①体育器材—国家标准—中国 Ⅳ.①G818.3-65

中国版本图书馆 CIP 数据核字(2018)第 262149 号

中国质检出版社
中国标准出版社 出版发行

北京市朝阳区和平里西街甲 2 号(100029)
北京市西城区三里河北街 16 号(100045)

网址 www.spc.net.cn

总编室:(010)68533533 发行中心:(010)51780238

读者服务部:(010)68523946

中国标准出版社秦皇岛印刷厂印刷

各地新华书店经销

*

开本 787×1092 1/16 印张 7.5 字数 172 千字

2019 年 1 月第一版 2019 年 1 月第一次印刷

*

定价 75.00 元

编撰委员会

主　编：赵爱国　刘海鹏

编　委：王燕京　赵英魁　孙书伟　王晓阳　郭　寒
张家祥　郝虎山　郑国良　陈坤章　李艺仁
吴万鹏　张熔轩　李宇辰　于惊鸿　付　晋
葛泠悦　龙　荣　付嘉裕

前　言

全民健身设施建设是构建全民健身公共服务体系的重要内容，也是加快体育强国建设的重要保障。积极推进全民健身设施建设，是提升群众健身的幸福感、获得感的有效举措，也是各级体育行政主管部门的重要工作组成。从2001年国家体育总局开始利用体育彩票公益金援建全民健身活动中心(含雪炭工程)以来，截至2013年，国家体育总局在全国援建的全民健身活动中心(含雪炭工程)达到3 300余个，各地政府和社会资本投资建设的中小型全民健身中心数量也在逐渐增加，以全民健身中心为代表的全民健身设施成为充实和完善基本公共体育服务供给的重要组成部分。

为了科学规划和统筹建设全民健身场地设施，提高全民健身活动中心分级分类建设的标准化程度，在国家体育总局群体司的指导下，华体集团有限公司与北京华安联合认证检测中心有限公司等单位起草了GB/T 34281—2017《全民健身活动中心分类配置要求》，该国家标准已于2017年9月7日正式发布，2018年4月1日正式实施，由全国体育标准化技术委员会设施设备分技术委员会(SAC/TC 456/SC 1)归口管理。标准填补了我国公共体育设施，特别是专项类别公共体育设施配置要求标准的空白，有助于为全民健身活动中心的规划、设计、建设提供全过程的技术指导，完善了全民健身活动中心的顶层设计。

贯彻实施标准是标准化工作的目的，组织开展标准宣贯工作是保证标准宣贯实施效果的有效途径。为了更好地推动标准的实施，体现标准在各地全民健身活动中心规划建设阶段的指导作用，保证标准的使用者严格按照国家标准对全民健身活动中心进行建设、设计、施工、监理、监督和验收，全国体育标准化技术委员会设施设备分技术委员会、北京华安联合认证检测中心有限公司等单位编写了《GB/T 34281—2017〈全民健身活动中心分类配置要求〉国家标准应用指南》。

近些年，随着群众体育工作力度不断加强，全民健身场馆逐步走进社区，社区健身中心开始兴起。而社区健身中心与全民健身活动中心之间存在紧密关联，故本着实用性、指导性原则，本书在宣传贯彻标准实施的同时，也为社区健身中心建设提出指导意见。

本书共四章。第一章为绪论，对标准的编制背景、目的和意义以及标准的编制过程进行了简要的介绍，总体阐述了本书编制的基本背景以及主要目的；第二章为GB/T 34281—2017《全民健身活动中心分类配置要求》条文释义，通过援引指标依据、详解技术要求以及图文示例等方式，对标准范围、规范性引用文件、术语和定义、分类、配置要求、开放与性能要求、检验评价方法进行逐条解释；第三章为标准实施的问题与思考，采取问答形式，对全民健身活动中心以及社区健身中心在设计、施工、建设中可能遇到的问题一一做出了详实地解答，增强了本书的实际应用价值；第四章为全民健身活动中心案例精选，优选了国内规划建设较为突出的全民健身活动中心，给标准的使用者以现实的案例参考；附录包括体育国家标准和行业标准清单，国家和地方政府的政策、法规等。

本书旨在对GB/T 34281—2017《全民健身活动中心分类配置要求》进行宣贯，为标准使用者提供便捷实用的参考工具书。

编著者

2018年8月

目　录

广告明细

青岛英派斯健康科技股份有限公司
山西澳瑞特健康产业股份有限公司
深圳市好家庭实业有限公司
武汉昊康健身器材有限公司
南京万德体育产业集团有限公司
全国体育标准化技术委员会设施设备分技术委员会
北京华安联合认证检测中心有限公司

第一章

绪论

一、标准编制的背景

为公众提供较为充裕的公共产品和优质高效的公共服务，是政府的重要职责。坚持普惠性、保基本、均等化、可持续的方向，加快完善基本公共体育服务体系成为我国各级体育行政主管部门关切的重点。从 2001 年国家体育总局开始利用体育彩票公益金实施全民健身活动中心建设(含雪炭工程)以来，截至2013 年，国家体育总局在全国援建的全民健身中心(含雪炭工程)达到 3 300 余个，各地政府和社会资本投资建设的中小型全民健身中心数量也在逐渐增加。2014 年 10 月，国务院印发了《关于加快发展体育产业促进体育消费的若干意见》(国发[2014]46 号)，将全民健身上升为国家战略，同时指出"各级政府要结合城镇化发展统筹规划体育设施建设，合理布点布局，重点建设一批便民利民的中小型体育场馆、公众健身活动中心、户外多功能球场、健身步道等场地设施。"2016 年 6 月印发的《全民健身计划(2016—2020 年)》(国发[2016]37 号)提出："按照配置均衡、规模适当、方便实用、安全合理的原则，科学规划和统筹建设全民健身场地设施。着力构建县(市、区)、乡镇(街道)、行政村(社区)三级群众身边的全民健身设施网络和城市社区 15 分钟健身圈"。

进入新时代，我国社会主要矛盾已经转化为人民日益增长的美好生活需要和不平衡、不充分发展之间的矛盾。面对我国公共体育健身设施总体供给不足，结构不尽合理，与人民群众日益增长的健身需求之间的矛盾，如何更好地简政放权、放管结合、优化服务，推动全民健身设施建设与管理成为摆在各级体育行政主管部门面前的关键问题。因此，提高全民健身设施建设与管理的标准化程度，加快全民健身设施标准供给，不断满足人民群众日益增长的体育健身需求，成为各级政府履行公共体育服务职能，优化服务供给的重要内容与有效抓手。

二、标准编制的目的和意义

2016 年，国务院办公厅印发的《全民健身计划(2016—2020 年)》提出："出台全国全民健身公共服务体系建设指导标准，鼓励各地结合实际制定全民健身公共服务体系建设地方标准，推进全民健身基本公共服务均等化、标准化"。2015 年，国务院办公厅《关于印发国家标准化体系建设发展规划(2016—2020 年)的通知》也指出："加强公共体育服务、体育竞赛、全民健身、体育场馆设施以及国民体质监测等标准的研制与应用，重点推动体育产业标准化工作的开展，加快体育项目经营活动、竞赛表演业、健身娱乐业、中介活动、体育用品、信息产业等标准的制修订工作。"

标准化工作在保障质量安全、推动供给侧结构性改革、促进生态文明、加快国家治理现代化等方面发挥着不可替代的重要作用。近年来，标准化越来越多地服务于党和国家中心工作。一些部门通过标准制定、宣贯实施与监督工作，支撑了国家经济转型升级，保障和改善了民生，促进了生态文明建设，推动了供给侧结构性改革。近年来，标准化战略已经逐渐应用于体育领域的诸多方面。全国体育标准化技术委员会和全国体育用品标准化技术委员会多年来累计制定了体育服务、体育设施设备、体育器材用品等领域的国家标准、行业标准近百项。

"十二五"和"十三五"期间，一系列推进全民健身中心、农民体育健身工程、县级公共体育场、体育公园、户外营地等健身场地设施建设的政策文件陆续印发。各地规划、建设和运营管理的全民健身设施日益增多。从技术角度对这些全民健身场地设施的规划、建设、施工、验收、运营与管理提出了一系列基本要求，有助于保障全民健身设施建设和管理水平的标准化和规范化。对国家层面尽快推出更为系统全面的健身场地设施项目建设管理技术规范和标准的需求日益明显。因此，自 2014 年起，国家体育总局群众体育司根据工作需要选择了全民健身中心、多功能公共运动场、农民体育健身工程、体育公园、健身广场、城市健身步道、登山健身步道等 12 个领域，进行立项研究，组织专门力量起草了全民健身场地设施项目建设管理技术规范。其中，还会同国家体育总局体育经济司向国家标准化管理委员会立项了包括《全民健身活动中心分类配置要求》在内的三项健身设施国家标准项目。经过多年努力，该标准按照《国家标准管理办法》(国家技术监督局第 10 号令)的要求，历经起草、征求意见、审查、报批、批准等阶段，最终发布。

该标准的发布实施对于科学规划全民健身设施建设发展和分级分类指导各全民健身活动中心的建设均具有十分重要的理论和现实意义。标准的制定充分考虑到配置均衡、规模适当、方便实用、安全合理的原则，适用于科学规划和统筹建设全民健身场地设施。标准的制定、宣贯和实施将有助于推动公共体育设施建设，有助于构建县(市、区)、乡镇(街道)、行政村(社区)三级群众身边的全民健身设施网络和城市社区 15 min 健身圈。

三、标准编制情况说明

(一) 标准的编制过程

2014 年 4 月，在国家体育总局群众体育司指导下，主要执笔单位华体集团有限公司和北京华安联合认证检测中心有限公司组建标准起草组，集中技术人员开始对近年来国家体育总局资助命名的全民健身活动中心进行信息梳理。通过检索文献、查阅政策文件、借鉴相关标准，在 2014 年 6 月初步形成了工作组讨论稿，供起草单位共同研究讨论。

2014 年 7 月开始，起草组结合全民健身活动中心和户外健身场地的全国调研评估工作，陆续调研标准化对象，为标准制定收集信息，掌握标准化对象的客观现实状况，同时结合工作组负责内容进行讨论，于 2015 年 1 月形成工作组讨论稿第二稿。

2015 年 1 月 21 日～22 日，全国体育标准化技术委员会设施设备分会秘书处受国家体育总局群众体育司的委托，在湖北省武汉市组织召开了《全民健身活动中心分类配置要求》《全民健身活动中心管理服务要求》《城市社区多功能公共运动场配置要求》3 项国家标准工作组讨论稿的讨论会。来自国家体育总局群众体育司健身设施处、北京体育大学、华中师范大学、中国地质大学、黄冈师范学院、湖北省体育局、上海市体育局、重庆市体育局、华体集团有限公司、北京华安联合认证检测中心、武汉昊康健身器材有限公司、青岛英派斯健康科技有限公司、山西澳瑞特健康产业股份有限公司、舒华股份有限公司、深圳市好家庭实业有限公司等单位的31名专家代表参与了讨论会。会议对标准框架结构、若干标准之间的内容协调组成、标准起草侧重内容提出了重要的意见和建议。

2015年2月4日～5日，起草组有关执笔人赴江苏省常州市调研乡镇和街道全民健身中心，对照标准工作组讨论稿进行实地对标验证，考察东部地区相对发达城市的基层全民健身设施，为起草标准提供现实依据和数据积累。

2015年2月～5月，起草组结合北京华安联合认证检测中心有限公司执笔起草的《命名资助全民健身活动中心建设与运营管理情况调研报告(2014)》的正式截稿报告，参考其中的主要数据和前期调研成果，借鉴参考国家体育总局2015年颁布的部门规章《体育场馆运营管理办法》，对标准工作组讨论稿进行了重新论证和修改，合理划分了配置要求和开放使用要求两个章节的条款内容，新增了常配体育项目场地和常配健身用房规格参数，以及各类全民健身活动中心体育场地设施配置可选方案，结合实际调整了部分附属设施的配置要求，从基本、安全、体育和附属四个方面整合凝练了前次稿件内容，提出了开放与使用要求，补充了检验评价方法的章节内容。最终形成了征求意见稿，呈交全国体育标准化委员会设施设备分技术委员会秘书处向社会公开征求意见。

2015年5月11日，全国体育标准化技术委员会设施设备分技术委员会印发《关于对〈全民健身活动中心分类配置要求〉等两项国家标准征求意见的函》(体设施标字[2015]6号)，书面征求意见工作历时两个月，征求意见材料发放至160多个单位，其中全国体育标准化技术委员会设施设备分技术委员会委员单位62个、国家体育总局机关部门及直属单位3个、生产服务商企业5个、建筑设计咨询检验机构2个，用户(全民健身中心)40个、行政部门(各省市、区、计划单列市体育局)37个、科研院校及技术组织专家11个。收到“征求意见稿”后，回函并有建议或意见的单位16个。实际收集意见81条。2015年7月，全国体育标准化技术委员会设施设备分技术委员会组织起草单位根据意见修改完成送审讨论稿。

2015年9月24日～25日，全国体育标准化技术委员会设施设备分技术委员会组织有关行业管理、生产、服务提供、科研、检验等单位和院校的专家，在江苏省南京市召开了该标准的预审会。会议围绕2015年7月形成的标准送审讨论稿，进行了逐条逐段的审议和讨论。会议对标准送审讨论稿的篇章结构和条款内容给予了充分肯定，对于标准定义的科学厘定、语句表述和部分内容的详略原则进行了进一步的确定。会后，起草组根据意见修改形成了本标准的送审稿。

2016年3月15日，全国体育标准化技术委员会设施设备分技术委员会印发《关于组织〈全民健身活动中心分类配置要求〉等两项国家标准函审的通知》(体设施标字[2016]3号)，并将征求意见材料提交至全国体育标准化技术委员会设施设备分技术委员会全体委员，共计62份。历时2个月的函审工作，共收回回函45份。其中，赞成的37份；赞成且有意见的6份；不赞成，如采纳建议或意见改为赞成1份；弃权1份。2016年5月，全国体育标准化技术委员会设施设备分技术委员会组织起草单位根据委员函审意见进一步妥善修改，处理完善完成标准报批稿。

（二）标准编制遵循的原则

（1）秉持先进性原则。标准的制定结合和参考国内外最新标准和全民健身活动中心具体情况，一方面充分利用全民健身活动中心调研结果，研究总结了大型、中型、小型三类健身中心的在建筑规模、设施配置和项目数量上的差异要求；另一方面，兼顾了全民健身中心的体育项目开设特点、种类以及服务功能用房附属设施要求。同时，给出体育健身场地运动面层的技术要求。

（2）秉持科学性原则。科学性原则主要体现在本标准制定过程中开展了广泛的实地调研，统筹兼顾了我国经济发达和经济欠发达地区的标准平衡问题，同时广泛征求了生产、使用、科研、检验、院校、政府等方面的意见和建议。

（3）秉持适用性原则。本标准的起草力求达到较为广泛的适用性，在空间面积和场地设施配置要求上兼顾大型、中型、小型三类不同规模场地；在相同建设规模上，提出了室内必选设施、室内选配设施、服务功能用房、附属设施要求，以及体育场地的选择组合方案；在体育场地面层要求上，分类列出目前主要应用在群众健身设施上的运动面层的各类要求，具备较强的适用性。

（三）标准编制的依据

本标准制定参考的技术性依据和标准主要可以分为三个方面：

（1）全民健身中心场地使用要求方面的标准。具体体现为 GB 19079《体育场所开放条件与技术要求》系列标准中的 27 项，GB/T 19995《天然材料体育场地使用要求及检验方法》、GB/T 20033《人工材料体育场地使用要求及检验方法》、GB/T 22517《体育场地使用要求及检验方法》设施系列标准、GB/T 18266《体育场所等级的划分》系列标准、GB 19272《健身器材　室外健身器材的安全　通用要求》、EN 14877 Synthetic Surfaces for Outdoor Sports Areas—Specification（室外运动场地合成面层　规格）。

（2）全民健身中心规划设计方面的标准。具体体现为 JG/T 191—2006《城市社区体育设施技术要求》、JGJ 153—2016《体育场馆照明设计及检测标准》、GB 50763—2012《无障碍设计规范》、GB 50189—2015《公共建筑节能设计标准》等。

（3）全民健身中心室内空间环境方面的标准。如 GB 9668—1996《体育馆卫生标准》、GB 3096—2008《声环境质量标准》等。

（四）标准的适用范围

本标准适用于各类全民健身活动中心，其他健身中心可参照执行。

第二章

GB/T 34281—2017《全民健身活动中心分类配置要求》条文释义

一、范围

【标准条文】

> 1 范围
>
> 本标准规定了全民健身活动中心(简称全民健身中心)的分类、配置要求、开放与性能要求和检验评价方法。
>
> 本标准适用于各类全民健身中心,其他健身中心可参照执行。

【条文释义】

本标准主要规定了全民健身活动中心的分类、配置要求、开放与性能要求和检验评价方法四部分内容。

1. 分类:即对不同规模全民健身活动中心进行分类。
2. 配置要求:即给出全民健身活动中心体育项目场地设施和附属设施配置的要求。
3. 开放与性能要求:即给出已建成的全民健身活动中心的场地和器械、消防设施、电器设施、疏散设施、应急设备及附属设施等必须满足的相应国家标准要求和安全要求。开放与性能要求旨在规定开放中必需的基本要求、安全设施设备要求、体育场地设施和器材要求、服务功能用房和附属设施设备配置要求。
4. 检验评价方法:即给出全民健身活动中心验收、检验和评价的具体方法。
5. 本标准旨在指导各地因地制宜地选择建设不同规模的全民健身活动中心,提供不同规模全民健身活动中心建设中所需要配建的体育场地设施和附属设施的选择方案,提出全民健身活动中心开放的基本硬件设施要求以及检验评价措施。

二、规范性引用文件

【标准条文】

> 2 规范性引用文件
>
> 下列文件对于本文件的应用是必不可少的。凡是注日期的引用文件,仅注日期的版本适用于本文件。凡是不注日期的引用文件,其最新版本(包括所有的修改单)适用于本文件。

GB 3096 声环境质量标准
GB 9668 体育馆卫生标准
GB/T 10001.1 公共信息图形符号 第1部分:通用符号
GB/T 10001.2 标志用公共信息图形符号 第2部分:旅游休闲符号
GB/T 10001.4 标志用公共信息图形符号 第4部分:运动健身符号
GB 17945 消防应急照明和疏散指示系统
GB/T 19995(所有部分) 天然材料体育场地使用要求及检验方法
GB/T 20033(所有部分) 人工材料体育场地使用要求及检验方法
GB/T 22517(所有部分) 体育场地使用要求及检验方法
GB 25201 建筑消防设施的维护管理
GB/T 25894 疏散平面图 设计原则与要求
GB 50016 建筑设计防火规范
GB 50189 公共建筑节能设计标准
GB 50303 建筑电气工程施工质量验收规范
GB 50763 无障碍设计规范
CJ/T 164 节水型生活用水器具
JG/T 191 城市社区体育设施技术要求
JGJ 31 体育建筑设计规范
JGJ 153—2007 体育场馆照明设计及检测标准
JGJ 354 体育建筑电气设计规范

【条文释义】

本章列出了GB/T 34281—2017所引用的规范性引用文件共20项。凡是注日期的规范性引用文件,仅注日期的版本适用于GB/T 34281—2017。凡是不注日期的规范性引用文件,其最新版本(包括所有的修改单)适用于GB/T 34281—2017。

三、术语和定义

【标准条文】

3 术语和定义

下列术语和定义适用于本文件。

3.1

全民健身活动中心 public fitness activity center

公众健身活动中心 public fitness activity center

通过新建、改建、扩建,以室内为主、不设固定看台的,专用于开展体育健身活动,向公众提供公共服务的综合性体育设施。

注1:全民健身中心一般指由政府主导建设或政府引导社会资本建设的公共体育设施。

注2:全民健身中心也可包括部分附属于室内建筑主体的室外休闲健身用的体育健身场地。

【条文释义】

1. 新建、改建、扩建的全民健身活动中心均适用于本标准。
2. 全民健身活动中心的主要用途是用于群众日常体育活动和健身休闲。群众日常体育健身活动不同于高水平竞技体育比赛，在赛事观看与固定看台配置上并无较大需求，固定看台的日常用途较少，且占用空间大，故全民健身活动中心不提倡配建固定看台。
3. 全民健身活动中心的主要功能不是高水平竞技体育比赛、训练功能，而是群众体育健身活动功能。
4. 全民健身活动中心以室内建筑为主体，亦可包括附属于室内建筑主体的室外休闲健身用的体育健身场地。如全民健身活动中心可包括室内球类健身馆和附属于球类健身馆的室外风雨球场等。
5. “全民健身活动中心”较为系统性、完整性的概念最早出自于2005年国家体育总局发布的《全民健身活动中心命名资助暂行办法》(体群字[2005]64号)。2014年，国务院印发的《国务院关于加快发展体育产业促进体育消费的若干意见》(国发[2014]46号)将全民健身活动中心称为“公众健身活动中心”。2016年，国务院《关于印发全民健身计划(2016—2020年)的通知》(国发[2016]37号)中将全民健身活动中心称作“全民健身中心”。
6. 《全民健身计划(2016—2020年)》指出，“推动公共体育设施建设，着力构建县(市、区)、乡镇(街道)、行政村(社区)三级群众身边的全民健身设施网络和城市社区15分钟健身圈”“有效扩大增量资源，重点建设一批便民利民的中小型体育场馆，建设县级体育场、全民健身中心、社区多功能运动场等场地设施，结合基层综合性文化服务中心、农村社区综合服务设施建设及区域特点，继续实施农民体育健身工程，实现行政村健身设施全覆盖”。在城市和农村社区建设全民健身中心，促进社区医疗卫生文化体育设施共建共享，是推动构建15 min健身圈的重要举措。有关部门可根据用地规模和预算投入情况，结合GB/T 34281—2017和GB 50180—2018《城市居住区规划设计标准》进行规划建设。

本书也将结合GB/T 34281—2017《全民健身活动中心分类配置要求》条文解释，对社区全民健身中心的分类、配置要求、开放与性能要求和检验评价方法进行阐释。

全民健身活动中心外观设计示例见图2-3-1～图2-3-3。

图2-3-1　全民健身活动中心外观设计示例一

图2-3-2　全民健身活动中心外观设计示例二

图 2-3-3　全民健身活动中心外观设计示例三

四、分类

【标准条文】

4　分类

全民健身活动中心按建设规模、室内体育场地面积、空间类型和经常开展体育活动场地种类可分为小型、中型和大型三类，具体分类标准见表 1。

表 1　全民健身中心分类依据

分类	建筑规模	室内体育场地面积	大空间健身用房	小空间健身用房	服务功能用房	经常开展体育活动场地种类	必配场地
小型	1 200 m^2 ～2 000 m^2(不含 2 000 m^2)，宜为 1 500 m^2	≥1 000 m^2	可选设 1 间大于或等于 800 m^2	累计大于或等于 200 m^2	累计大于或等于 40 m^2	大于或等于 3 种	乒乓球场地、体质测试室、棋牌室
中型	2 000 m^2 ～4 000 m^2(不含 4 000 m^2)，宜为 3 000 m^2	≥1 500 m^2	至少 1 间大于或等于 800 m^2	累计大于或等于 500 m^2	累计大于或等于 100 m^2	大于或等于 4 种	乒乓球场地、体质测试室、篮球场地、基础健身区
大型	至少 4 000 m^2	≥3 500 m^2	至少 2 间大于或等于 1 600 m^2	累计大于或等于 1 200 m^2	累计大于或等于 200 m^2	大于或等于 5 种	乒乓球场地、体质测试室、篮球场地、羽毛球场地、基础健身区
注：表中大空间健身用房、小空间健身用房和服务功能用房的面积为使用面积。							

【条文释义】

1. 全民健身活动中心的分类依据

全民健身活动中心按照建筑规模、室内体育场地面积、空间类型和经常开展体育活动场地种类四方面等进行分类。

（1）建筑规模。标准起草过程中，起草组通过分析国家体育总局《命名资助全民健身活动中心建设与运营管理情况调研报告(2014)》和历年"雪炭工程"健身中心调研评估的数据结果，得出建筑规模的分层分类。起草组抽选的 505 个样本中，超过 61%的健身中心建筑面积在 5 000 m^2 以下。全体样本的平均建筑面积为 2 625 m^2。同时，起草组结合建筑投资测算和政府财政投资场馆的预算经验，形成了大、中、小三种建设规模类型的分层分类。

（2）室内体育场地面积。从确保全民健身活动中心以室内场地为主的角度出发，起草组在分类指标中设置了室内体育场地面积。且考虑到经济性、实用性，从确保体育健身主体功能的角度出发，各类型分类指标中室内体育场地面积应占总建筑面积的比例均超过 50%。

（3）空间类型。在空间类型指标方面，标准主要提出了大空间健身用房数量和面积要求、小空间健身用房面积要求以及服务功能用房面积要求。上述控制性指标的提出，有助于实现体育功能用房与非体育功能用房占比的合理性，有助于实现必配场地项目的空间条件和非必配场地项目的灵活选择空间预留。

（4）经常开展体育活动场地种类。参考调研数据，标准起草组得出结论，全民健身活动中心经常开展体育活动场地种类的中位数和众数基本集中在 5 项，且当建筑面积超过 5 000 m^2 之后，经常开展体育活动场地种类并未因体育场地面积的扩大而增多，而受众喜爱的一些单一项目(例如，羽毛球)场地面积会随着建筑面积提高而扩大。因此，标准将大、中、小三类全民健身活动中心经常开展体育活动场地种类的最低数量分别确定为 5 种、4 种、3 种。

2. 社区全民健身活动中心建设规模的确定与分类

社区全民健身活动中心是指于街道、社区、居住区区域范围内新建、改建以及扩建的以室内为主、不设固定看台的，专用于开展体育健身活动，向公众提供公共服务的综合性体育设施。

在社区全民健身活动中心建设中，鼓励合理利用各种土地资源，与文化、卫生等社区配套设施统筹考虑。新建、改建和扩建的社区全民健身活动中心规模，应以居住区规划设计人口数量为基本依据，兼顾人口密度、经济、地理、交通和服务半径等因素合理确定。不同社区全民健身活动中心的建设，可根据规划预留用地的空间大小、服务半径的预期规划以及经济投入规模，选择参照 GB/T 34281—2017《全民健身活动中心分类配置要求》中三类不同规模进行建设。

社区全民健身活动中心之所以称其为"社区"，其本质内涵是服务一定居住区范围内(生活圈范围内)的居住人口。在此，需要理清两组概念：第一，"社区的健身活动中心不一定是标准当中小规模的"。例如，在规划用地和经济投入允许的条件下，建设符合 GB/T 34281—2017 标准中大型全民健身活动中心的项目，其建筑面积虽然相对其他两类较大，但根据体育锻炼的特点，其服务半径亦不可能超过 15 min 生活圈[即 GB 50180—2018《城市居住区规划设计标准》中提及的 15 min 生活圈对应步行出行的 800 m～1 000 m空间活动范围]。其可服务周边社区居住人口规模约为 50 000 人～100 000 人(约 17 000 套～32 000 套住宅范围内的人口)。对于周边 15 min 生活圈内的居民来讲，这个大型全民健身活动中心亦是其生活圈范围内的社区健身场所。第二，“大型全民健身活动中心，不一定必须使用居住区用地建设”。GB 50180—2018《城市居住区规划设计标准》的指标说明中指出，该标准与 GB 50137—2011《城市用地分类与规划建设用地标准》对应，居住区 15 min 生活圈、10 min 生活圈配套设施属于城市公共管理与公共服务设施用地(A 类用地)、商业服务业设施用地(B 类用地)和公用设施用地(U 类用地)。其中，A 类用地中的 A4 类用地属于体育用地，主要用于体育场馆和体育训练基地等用地。因此，大型全民健身中心应考虑使用 A4 城市公共管理与公共服务设施用地中的体育用地进行建设。

GB 50180—2018《城市居住区规划设计标准》将居住区规模范围分为 15 min 生活圈、10 min生活圈、5 min 生活圈以及居住街坊。据此，编者建议社区全民健身活动中心在分类与建设规模时，依据 GB/T 34281—2017 和 GB 50180—2018 所给出的参考意见和具体建议(见表 2-4-1)。

表 2-4-1　新建社区全民健身活动中心和健身场地分级建设形式选择指南

范围	服务人口 人	服务半径 km	可选择建设形式
15 min 生活圈	50 000～ 100 000	0.8～1.0	1. 可使用社区周边的公共管理与公共服务设施用地，即 GB 50137—2011《城市用地分类与规划建设用地标准》中的 A 类用地，建设符合GB/T 34281—2017 标准中的大型(建筑面积 4 000 m^2 以上)或中型(建筑面积 2 000 m^2～4 000 m^2)的全民健身活动中心。 2. 可在社区周边建设 GB 50180—2018《城市居住区规划设计标准》附录 C 中规定的 3 500 m^2～5 000 m^2的体育健身场馆。 3. 可在社区周边集中或分散建设 GB 50180—2018《城市居住区规划设计标准》附录 C 中规定的中型球类场地组合(用地面积1 310 m^2～2 460 m^2)或大型球类场地组合(用地面积 3 150 m^2～5 620 m^2)
10 min 生活圈	15 000～ 2 5000	≤0.5	1. 可使用社区周边的公共管理与公共服务设施用地，即 GB 50137—2011《城市用地分类与规划建设用地标准》中的 A 类用地，建设符合GB/T 34281—2017 标准中的小型(建筑面积 1 200 m^2～2 000 m^2)全民健身活动中心。

续表 2-4-1

范围	服务人口 人	服务半径 km	可选择建设形式
10 min 生活圈	15 000～ 2 5000	≤0.5	2. 可在社区周边集中或分散建设 GB 50180—2018《城市居住区规划设计标准》附录 C 中规定的中型多功能运动场地组合(用地面积 1 310 m^2～2 460 m^2)或大型多功能运动场地组合(用地面积 3 150 m^2～5 620 m^2)。 3. 可在社区周边建设 GB 50180—2018《城市居住区规划设计标准》附录 C 中的室内健身房(建筑面积 600 m^2～2 000 m^2)
5 min 生活圈	5 000～ 12 000	≤0.3	1. 可使用社区周边的居住用地中的服务设施用地，即 GB 50137—2011《城市用地分类与规划建设用地标准》中的 A 类用地，建设 GB 50180—2018《城市居住区规划设计标准》附录 C 中的社区文化活动站(建筑面积 250 m^2～1 200 m^2)。同时，可参考 GB/T 34281—2017 标准中的小型(建筑面积 1 200 m^2～2 000 m^2)全民健身活动中心所选配的体育项目，尽可能保证用于体育健身的空间在 300 m^2 以上。 2. 可在社区周边建设 GB 50180—2018《城市居住区规划设计标准》附录 C 中的小型多功能运动(球类)场地组合(用地面积 770 m^2～1 310 m^2)和室外综合健身场地(150 m^2～750 m^2)
居住街坊	1 000～ 3 000	—	一般不配置室内健身场所。 可使用住宅用地中的公用设施用地，建设户外儿童和老年人活动场地，配建室外健身器材

五、配置要求

【标准条文】

5　配置要求

5.1　体育项目和场地设施配置

5.1.1　全民健身中心内大空间健身用房和小空间健身用房适合配置的体育项目种类可参见表 2。

表 2　各类全民健身活动中心体育项目配置可选内容

房间类型	适合配置体育项目
大空间健身用房	篮球、室内 5 人制足球、羽毛球、排球、网球、游泳、轮滑、攀岩、室内滑冰、室内滑雪等
小空间健身用房	乒乓球、台球、壁球、门球、保龄球、地掷球、沙狐球、跆拳道、空手道、武术、剑道、击剑、象棋、国际象棋、围棋、扑克、益智类桌游、射箭、电子竞技、模拟运动、健身(基础体能训练)、健身(动感单车)、健身(动、静态操课)等

5.1.2　大空间健身用房通常指体育场地净空高度不小于 7 m、体育场地活动面积不小于 800 m^2 的健身活动场所。小空间健身用房通常指体育场地净空高度不小于 3 m、体育场地活动面积不小于 40 m^2 的健身活动场所。

【条文释义】

1. 本条给出了各类型空间健身用房适宜配置的体育项目。

大空间健身用房场地净空高度不小于 7 m,体育场地活动面积一般不小于 800 m^2。为充分利用场地资源和有效面积,适宜配置篮球、室内 5 人制足球、羽毛球、排球、网球、游泳、轮滑、攀岩、室内滑冰、室内滑雪等需要较大场地面积的运动项目。

小空间健身用房的体育场地净空高度不小于 3 m,体育场地活动面积一般不小于40 m^2。乒乓球、台球、壁球、门球、地掷球、沙狐球、跆拳道、空手道、武术、剑道、击剑、象棋、国际象棋、围棋、扑克、益智类桌游、射箭、电子竞技、模拟运动、健身(基础体能训练)、健身(动感单车)、健身(动、静态操课)等运动项目所需的单一运动场地面积相对较小,可将其合理分配在小空间健身用房中。

全民健身活动中心部分体育项目配置示意图见图 2-5-1。

2. 对于 5.1.1 条中未给出的体育项目,可根据该体育项目的占地空间面积、最小净空高度要求配置到对应类型的空间健身用房。

3. 表 2-5-1 给出了部分常配体育项目健身场地室内空间最小净空高度。

表 2-5-1　常配体育项目健身场地室内空间最小净空高度

项目	室内田径	篮球	排球	羽毛球	网球	乒乓球	足球	健身、台球
高度/m	7	7	7	7	8	4	7	2.6

a）游泳

b）羽毛球

c）动感单车

d）基础体能训练

图 2-5-1 全民健身活动中心部分体育项目配置示意图

4. 在选择配置体育项目和场地设施时，应考虑当地（周围）群众及不同年龄人群的健身需求，配置较为丰富多样的体育活动设施。其中，在社区室内全民健身活动中心配置的体育项目和场地设施包括但不限于：篮球、室内 5 人制足球、羽毛球、排球、乒乓球、台球、壁球、沙狐球、象棋、国际象棋、围棋、扑克、益智类桌游、健身（基础体能训练）、健身（动感单车）、健身（动、静态操课）。

5. 配置体育项目和场地设施时，可考虑结合国内外体育健身休闲项目发展的新趋势和新方向，灵活多样地配置部分可移动的室内外健身休闲设施和器材。例如，攻防箭、越野轮滑、漂移车、泡泡足球、笼式足球、儿童自行车、风洞（模拟跳伞训练器）等项目。

体育健身休闲项目示意图见图 2-5-2。

a）攻防箭

b）泡泡足球

图 2-5-2 体育健身休闲项目示意图

【标准条文】

5.1.3 常配体育项目场地和健身用房规格尺寸参考表3。

表3 常配体育项目场地和常配健身用房规格

项目	长/m	宽/m	两侧缓冲区/m	两端缓冲区/m	总长度/m	总宽度/m	总面积/m^2
篮球	28	15	2	3	34	19	646
排球	18	9	3	3	24	15	360
羽毛球	13.4	6.1	2	2	17.4	10.1	175.74
乒乓球	2.74	1.525	1.6	2.15	7.04	4.725	33.264
5人制足球	25～42	15～25	1.5	1.5	28～45	18～28	504～1 260
网球	23.774	10.973	3.66	6.4	36.574	18.293	670
台球	—	—	—	—	—	—	50～200
棋牌室	—	—	—	—	—	—	20～50
基础健身区	—	—	—	—	—	—	400～600
集体操房	—	—	—	—	—	—	200～400
单车教室	—	—	—	—	—	—	50～100
体质测试室	—	—	—	—	—	—	≥30

【条文释义】

本条列举出常配体育项目场地(见图2-5-3)和健身用房规格尺寸。

a) 台球

b) 羽毛球

图2-5-3 全民健身活动中心场地体育项目配置

1. 篮球场地

(1) 标准篮球场地(5 人制)尺寸应为 28 m×15 m,如图 2-5-4;3 人制篮球场为半个篮球场地,即 14 m×15 m。室内篮球场地最小净空高度宜不小于 7 m。

(2) 场地线的颜色应容易辨别,线宽度均为 50 mm,边线和端线的宽度不在场地尺寸范围内。

(3) 场地边线外的缓冲区宜不小于 2 m,端线外缓冲区宜不小于 3 m,若由于场地面积限制或其他原因导致缓冲区无法满足此要求,边线与端线外缓冲区最小不小于 1.5 m。当靠近墙体等障碍物时,边线与端线外均应不小于 2 m。

(4) 篮板和篮球架应符合 QB/T 1206—1991《篮球架》的要求。标准篮球场地篮圈距地面高度宜为 3.05 m,非标准篮球场地篮圈距地面高度可为 2.5 m~3.05 m。

单位为毫米

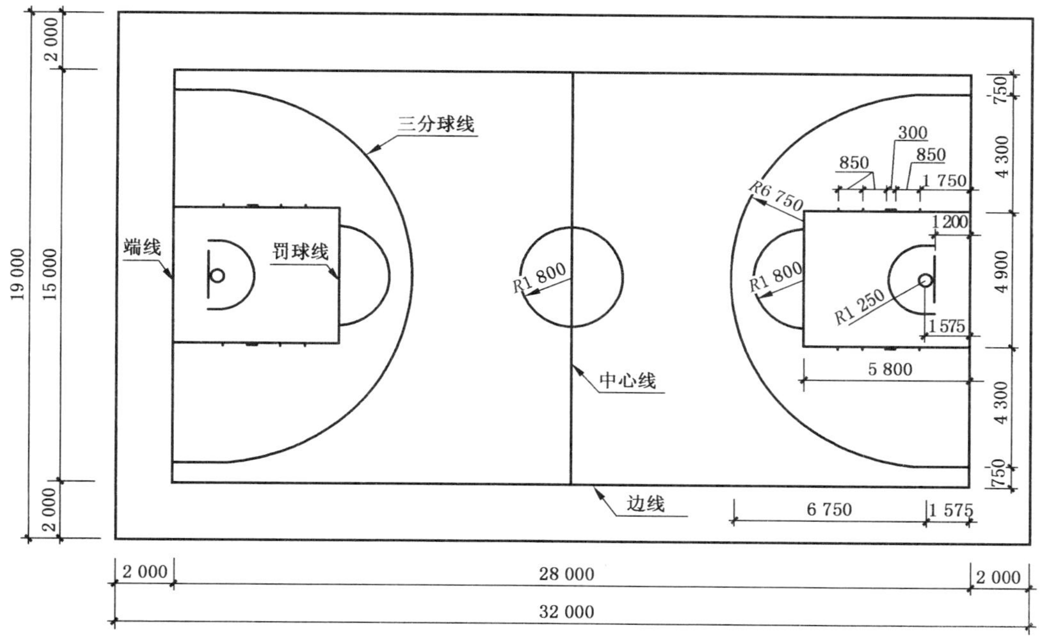

图 2-5-4 标准篮球场地平面示意图

2. 排球场地

(1) 标准排球场地尺寸应为 18 m×9 m,如图 2-5-5。室内排球场地最小净空高度宜不小于 7 m。

(2) 场地线颜色应容易辨别,画线宽度均为 50 mm,边线和端线均包含在场区面积内。

(3) 场地边线外的缓冲区宜不小于 2 m,端线外缓冲区宜不小于 3 m,若由于场地面积限制或其他原因导致缓冲区无法满足此要求,边线外缓冲区可减小到 1.5 m。

(4) 排球柱和网应符合 QB/T 4290—2012《排球柱和网》的要求。成年拦网高度为男子 2.43 m,女子 2.24 m;少年拦网高度为男子 2.24 m,女子 2.00 m。

单位为米

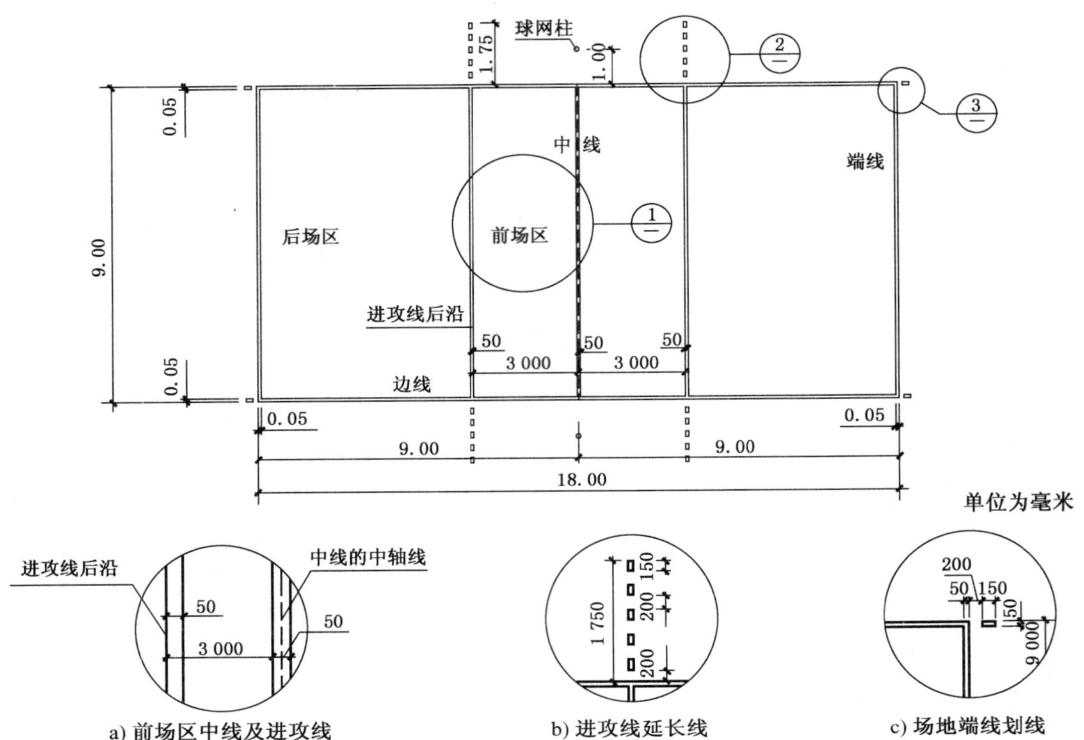

图 2-5-5　标准排球场地平面示意图

3. 羽毛球场地

(1) 标准羽毛球场地一般为双打场地，尺寸为 13.40 m×6.10 m，如图 2-5-6，也可单独设置单打羽毛球场地，尺寸为 13.40 m×5.18 m。室内羽毛球场地最小净空高度宜不小于 7 m。

(2) 场地线颜色应容易辨别，画线宽度均为 40 mm，边线和端线的宽度均包含在场区面积内。

(3) 羽毛球场地边线外缓冲区宜不小于 2 m，端线外缓冲区宜不小于 2 m；若由于场地面积限制或其他原因导致缓冲区无法满足此要求，边线外缓冲区可减小到 1 m；当场地临近墙体等障碍物时，边线外缓冲区应不小于 1.5 m，端线外缓冲区应不小于2.5 m。

(4) 羽毛球球网应符合 QB/T 2758.1—2005《羽毛球网》的要求，网柱应符合 QB/T 2758.2—2005《羽毛球网柱》的要求。

(5) 室内羽毛球场墙面颜色宜为深色，避免出现眩光。

4. 乒乓球场地

(1) 乒乓球场地宜为室内场地，也可建设室外场地，并宜布置在避风的位置。

(2) 场地周围应设置围挡，单块场地最小尺寸为 7.0 m×4.6 m。室内乒乓球场地最小净空高度宜不小于 4 m。

单位为米

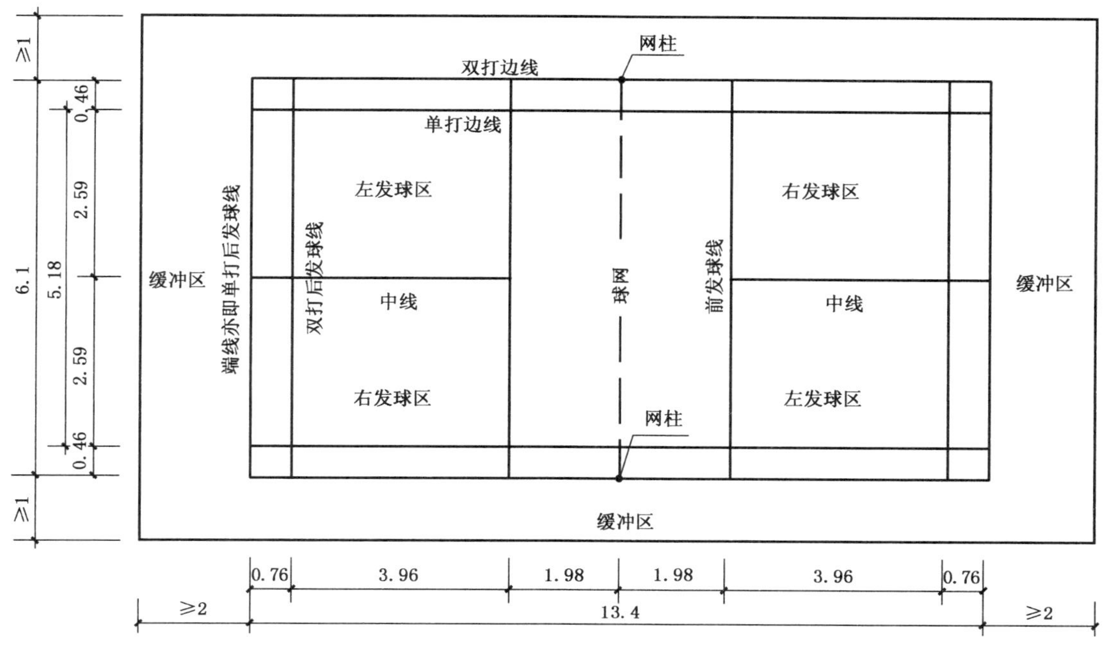

图 2-5-6 标准羽毛球场地平面示意图

(3) 乒乓球台尺寸为 2.74 m×1.525 m，距地面高度 0.76 m，供儿童使用的球台高度可为 0.68 m 或 0.64 m。球网标准高度为 0.1525 m。

(4) 乒乓球台应符合 QB/T 2700—2005《乒乓球台》的要求；乒乓球网应符合 QB/T 2701—2005《乒乓球网架》4.2 的要求；乒乓球网架应符合 QB/T 2701—2005《乒乓球网架》的要求。

5. 5 人制足球场地

(1) 5 人制足球场地宜为人造草面层，四周宜设置围网。

(2) 5 人制足球场地无固定尺寸，边线长度允许尺寸 25 m～42 m，端线长度允许尺寸 15 m～25 m(见图 2-5-7)。室内 5 人制足球场地最小净空高度宜不小于 7 m。

(3) 场地各线线宽应与门柱以及横木宽度一致，为 0.08 m，边线和端线的宽度均包含在场区面积内。

(4) 5 人制足球场地边线与端线外缓冲区均宜不小于 1.5 m。

6. 网球场地

(1) 网球场地多为室外场地，也可建室内场地，室外场地宜布置在避风的位置。

(2) 标准网球场地一般为双打场地，尺寸为 23.774 m×10.973 m(见图 2-5-8)，也可单独设施单打场地，尺寸为 23.774 m×8.233 m。室内网球场地最小净空高度宜不小于 8 m。

(3) 所有划线应为同一颜色，且与面层颜色形成反差，宜为白色；发球中线及端线上的中点标志线宽度应为 50 mm；场地端线宽度应不大于 100 mm；其他线宽度应为 25 mm～50 mm；所有划线均应包括在场地尺寸内。

单位为米

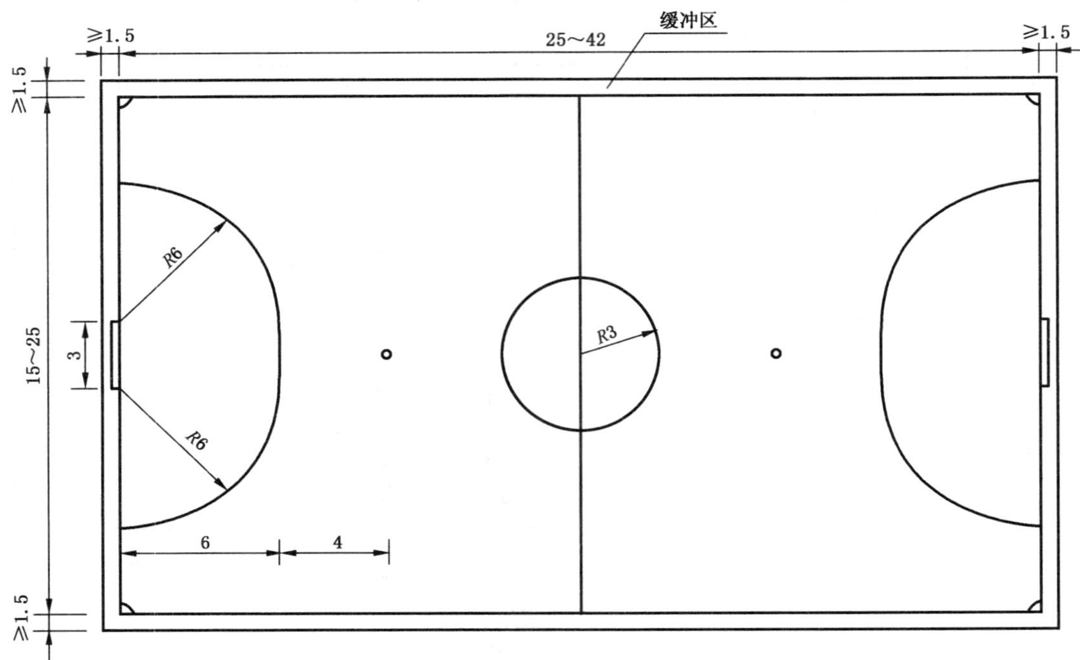

图 2-5-7　5 人制足球场地平面示意图

单位为米

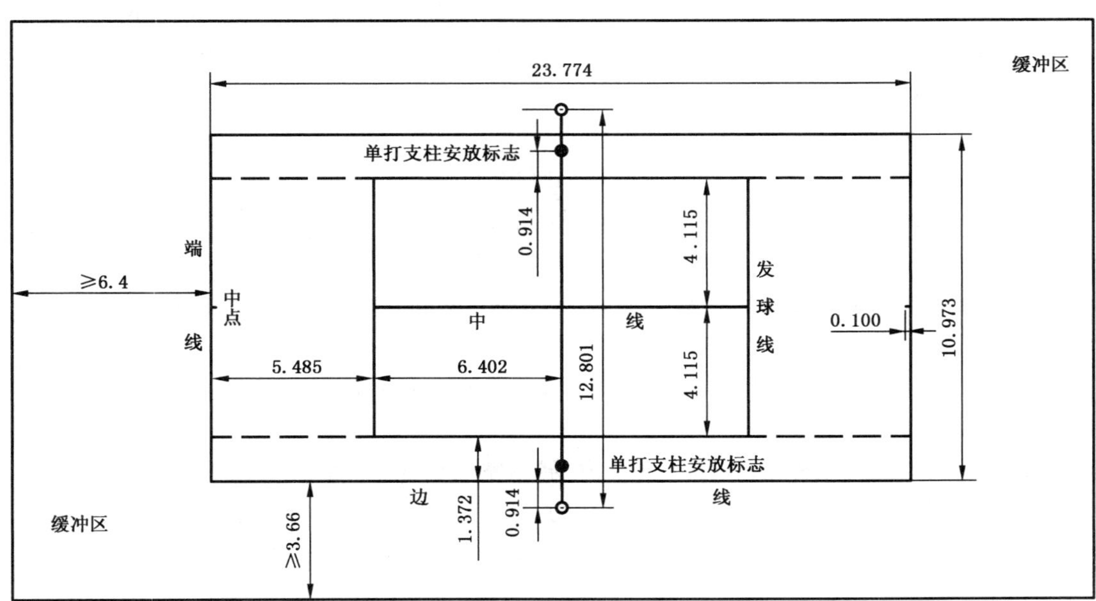

图 2-5-8　标准网球场地平面示意图

（4）网球场地从边线外缓冲区应不小于 3.66 m，端线外缓冲区应不小于 6.40 m。相邻两片比赛场地间的距离应不小于 7.32 m。

（5）室外网球场地宜在缓冲区外设置围网，室内网球场墙面颜色宜为深色，避免出现眩光。

（6）网球专用网柱和球网应分别符合GB/T 22517.7—2018《体育场地使用要求及检验方法　第7部分：网球场地》中5.3.1和5.3.2的要求。

7. 台球场地

（1）台球场地宜布置在室内。

（2）斯诺克台球球台内沿基本尺寸3.569 m×1.778 m，球台高0.851 m～0.876 m；美式台球球台内沿基本尺寸2.54 m×1.27 m，球台高0.8 m～0.85 m。

（3）台球球台长边距障碍物应不小于1.5 m，短边距障碍物应不小于1.6 m。若两个桌台平行排布，其间距也应不小于1.5 m。

（4）宜在桌台正上方布置照明设备，宜设置暖光源。照明灯可装在较大的灯罩中，避免散射，也可以避免刺眼。

（5）台球桌应符合GB/T 22751—2008《台球桌》的相关要求。

8. 棋牌室、基础健身区、集体操房以及单车教室的总面积应分别在20 m^2～50 m^2、400 m^2～600 m^2、200 m^2～400 m^2、50 m^2～100 m^2，体质测试室的总面积不应小于30 m^2，不对以上健身用房的总长度和总宽度做具体要求。

【标准条文】

> 5.1.4　必要时，场地的墙壁可设置软包等软(弹)性护墙材料，避免出现体育活动人员碰撞墙体引发人身安全事故。

【条文释义】

1. 建议安装软(弹)性护墙材料。

（1）保护体育活动人员。普通健身群众通常未接受过专业体育训练，运动的自我防护能力相对较弱。部分运动(尤其是滑冰、轮滑、羽毛球、乒乓球、室内足球等)可能出现人体快速移动，存在缓冲不足、碰撞墙壁的事故隐患。从保护体育活动人员安全角度出发，建议在墙壁和立柱部位增加安装软(弹)性护墙材料。

（2）保护墙壁。防止球类反复高速撞击破坏墙体美观。

场地墙壁软包材料见图2-5-9。

a）软包材料示意图一

b）软包材料示意图二

图2-5-9　场地墙壁软包材料

2. 软(弹)性护墙材料的一般安装高度宜不小于 2 m。

【标准条文】

5.1.5 场地规格尺寸允许误差为±0.1%。

【条文释义】

1. 由于场地划线的施工工艺和人为不可控因素的影响，场地规划划线允许存在一定的误差。为不影响群众健身活动的开展，一般情况下，场地规格尺寸在验收时的允许误差应为±0.1%。即 20 m 长，最大误差不应超过±2 cm。
2. 除此之外，当全民健身活动中心的体育场地需要应用于专业竞技比赛时，场地规格的允许误差尺寸应严格执行国际单项体育协会或全国性单项体育协会的竞赛规则要求。

【标准条文】

5.1.6 各类全民健身活动中心体育场地设施配置可参照表 4。除表 4 可选方案中推荐选择的健身项目外，还可利用剩余空间选择配置表 2 中的其他体育项目。体育项目场地划线可组合重叠。

表 4 各类全民健身活动中心体育场地设施配置推荐可选方案 单位为个

项目	可选方案	篮球	羽毛球	乒乓球	台球	棋牌室	基础健身区	集体操房	单车教室	体质监测室
小型	方案 1	1	4	2	1	1	—	—	—	1
	方案 2	—	2	4	1	1	1	—	—	1
	方案 3	—	—	4	1	1	1	1	1	1
中型	方案 1	1	6	4	1	1	1	—	—	1
	方案 2	1	4	4	1	1	1	1	—	1
	方案 3	1	4	2	1	1	1	1	1	1
大型	方案 1	2	10	8	2	2	1	—	—	1
	方案 2	1	5	8	2	2	1	1	1	1
	方案 3	1	10	4	2	2	1	2	1	1

【条文释义】

1. 本条给出了各类全民健身活动中心体育项目配置推荐可选方案。除表中所示按运动类型划分的可选方案外，对全民健身活动中心进行运动项目的配置时，还宜注重按使用人群的偏好运动类型来划分。例如，青少年的偏好运动类型为篮球、足球，老年人的偏好运动类型为门球、太极拳等。全民健身活动中心内的运动项目应满足不同年龄人群的

运动需求。同时，还应考虑到商业、管理、综合配套服务等设施的不断完善和整体空间环境的提升。

2. 全民健身活动中心室内、室外场地可采用体育项目划线组合重叠方式，增加体育场地的利用率。在标准中表 4 所例举的组合方案中，篮球场地和羽毛球场地均为使用大空间健身用房重叠划线的布局配置。全民健身活动中心室内、室外场地体育项目划线组合方式如图 2-5-10、图 2-5-11 所示。

单位为毫米

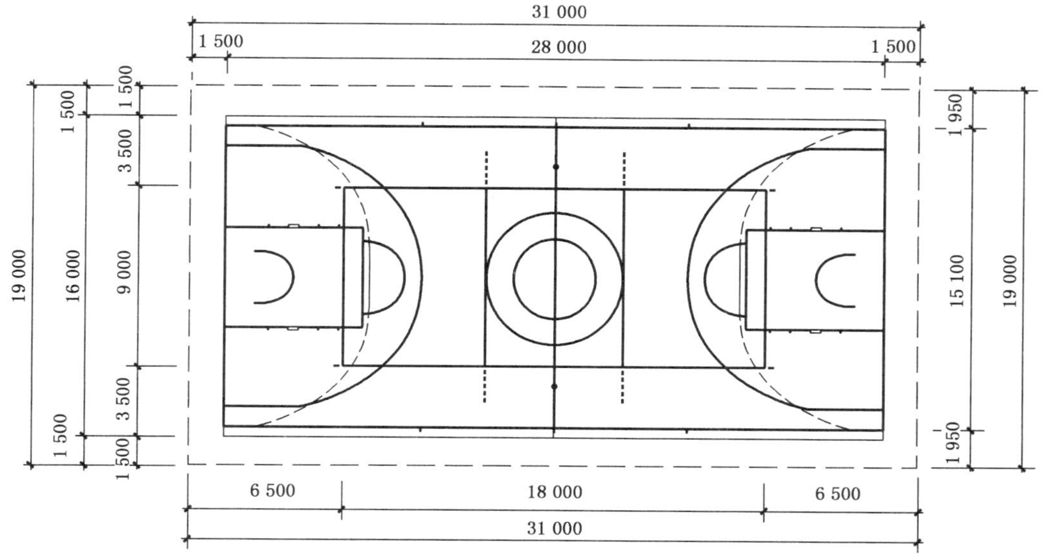

注 1：场地整体尺寸长为 31 000 mm，宽为 19 000 mm；

注 2：组合体育项目为标准篮球、5 人制足球及标准排球。

图 2-5-10　篮球、足球、排球组合示意图

a）实景图一

b）实景图二

图 2-5-11　多功能公共运动场多项目场地组合实景图

【标准条文】

5.2　服务功能用房和附属设施设备配置要求

各类全民健身活动中心服务功能用房和附属设施设备配置应符合表 5 的要求。

表 5　各类全民健身活动中心附属设施设备配置要求

附属设施或设备	小型	中型	大型
接待区(前台/接待室)	▲	▲	▲
卫生间	▲	▲	▲
更衣室	▲	▲	▲
器材储藏室或器材放置区域	▲	▲	▲
值班室或安保室	▲	▲	▲
配电室及相关设备	▲	▲	▲
消防设备器材和急救设备	▲	▲	▲
垃圾回收设备	▲	▲	▲
应急疏散设施设备	▲	▲	▲
视频监控设备用房	▲	▲	▲
语音广播设施设备	▲	▲	▲
场所导引图或相关标识牌	▲	▲	▲
无障碍设施	▲	▲	▲
体质监测室	▲	▲	▲
商品零售部区	△	▲	▲
淋浴室	△	▲	▲
活动会议室	△	△	▲
培训教室	△	△	▲
注：必配附属设施设备用▲表示，选配附属设施设备用△表示。			

【条文释义】

1. 本条规定了各类全民健身活动中心服务功能用房和附属设施设备配置的基本内容。服务功能用房是全民健身活动中心正常运转必备的服务空间和管理空间，附属设施设备是全民健身活动中心安全运营和开展活动的必备条件和基础设施。

2. 标准的表 5 中，接待区(前台/接待室)、卫生间、更衣室、器材储藏室或器材放置区域、值班室或安保室、配电室及相关设备、消防设备器材和急救设备、垃圾回收设备、应急疏散设施设备、视频监控设备用房、语音广播设施设备、场所导引图或相关标识牌、无障碍设施、体质监测室是大、中、小型全民健身活动中心必须配置的附属设施设备，除上述设施设备外，中型全民健身活动中心还需配置商品零售部区和淋浴室，大型全民健身活动中心还需配置商品零售部区、淋浴室、活动会议室和培训教室。若条件允许，本条规定的服务功能用房和附属设施设备建议大、中、小型全民健身活动中心全部配置。

3. 目前，健身行业发展迅速，人工智能化技术应用的趋势也十分明显，除本条必配的附属设施设备之外，全民健身活动中心还可依据群众需求，通过应用“互联网＋”等先进技术搭建线上线下、互联互通的全民健身活动中心服务平台。全民健身活动中心可搭建并运营智能服务APP，实现场地预定和服务提供的在线操作。未来，健身群众可通过配置智能手环，使用健身器械进行锻炼后将健身数据上传到健身系统，实时查看健身数据，提供运动处方建议。与此同时，全民健身活动中心可考虑增加配置包括智能门禁（见图2-5-12）、智能体测设备、能耗与流量统计设备、智能健身器械及人员服务的智能联通设施设备等智能化管理设施设备，提高服务管理效能，实时监控运营成本，便捷服务提供过程，实现场馆智能化管理。

图2-5-12　智能门禁

六、开放与性能要求

【标准条文】

> 6　开放与性能要求
>
> 6.1　基本要求
>
> 6.1.1　体育场地设施及附属设施的建筑设计应符合JGJ 31的要求。

【条文释义】

JGJ 31—2003《体育建筑设计规范》适用于供比赛和训练用的体育场、体育馆、游泳池和游泳馆的新建、改建和扩建工程设计。JGJ 31《体育建筑设计规范》规定了体育建筑设计总则、术语、基地和总平面、建筑设计通用规定、各项体育建筑设计的一般规定和辅助用房设施、防火设计、声学设计、建筑设备等方面的设计规范和要求。全民健身活动中心场地设施的一般建筑设计要求应遵循JGJ 31—2003《体育建筑设计规范》。

【标准条文】

> 6.1.2　建筑应考虑节能设计，节能设计应符合GB 50189的要求。

【条文释义】

现阶段，大多数全民健身活动中心作为公益性体育场馆，运营支出的主要来源依靠政府财政投入。提高能源使用效率,合理控制运营成本,在满足向社会开放的基础上,尽可能节约能源是摆在全民健身活动中心面前的重要任务。因此,全民健身活动中心的建筑节能设计格外重要。GB 50189—2015《公共建筑节能设计标准》的制定主旨即为贯彻国家有关法律法规和方针政策,改善公共建筑的室内环境,提高能源利用效率,促进可再生能源的建筑应用,降低建筑能耗。其专业领域涵盖建筑与建筑热工、供暖通风与空气调节、给水排水、电气、可再生能源应用,实现了建筑节能专业领域全覆盖。故本标准要求全民健身活动中心建筑节能设计必须满足 GB 50189—2015 的要求。

【标准条文】

6.1.3　场所设施、设备应布局合理,使用方便、安全。

【条文释义】

全民健身活动中心内部的场所设施、设备应布局合理,做到使用方便和安全。例如,游泳项目场所的售检票、疾病检查、更衣、淋浴、泳客督浴与浸脚池设施、游泳区域等一系列内部设施的流线组织应衔接顺畅,布局合理。应避免发生泳客淋浴与浸脚后长时间行走于不洁净的地面区域。又如,全民健身活动中心的售检票、客户服务、商品零售、贵重物品寄存等服务区域应当相对布局集中。

【标准条文】

6.1.4　室内场所公共环境卫生应符合 GB 9668 的要求。

【条文释义】

全民健身活动中心室内场所公共环境卫生应符合 GB 9668—1996《体育馆卫生标准》的要求。其中有关体育馆卫生标准值见表 2-6-1。

表 2-6-1　体育场馆卫生标准值

项　　目	要　　求	
温度/℃(采暖地区冬季)	≥16	
相对湿度/%	40～80	
风速/(m/s)	≤0.5	
二氧化碳/%	≤0.15	
甲醛/(mg/m³)	≤0.12	
可吸入颗粒物/(mg/m³)	≤0.25	
空气细菌数	撞击法/(CFU/m³)	≤4 000
	沉降法/(个/皿)	≤40

对表 2-6-1 中所示的卫生标准值可按 GB/T 18204—2014《公共场所卫生检验方法》中各部分相关标准进行监测执行。

另外，全民健身活动中心内禁止吸烟；供健身群众饮用的饮用水水质应符合GB 5749—2006《生活饮用水卫生标准》的规定；应采用湿式清扫，及时清除垃圾，保持环境整洁。

【标准条文】

> 6.1.5　室内场所温度宜在16 ℃～28 ℃之间。

【条文释义】

GB/T 18883—2002《室内空气质量标准》对室内温度的标准值见表2-6-2。

表2-6-2　室内空气质量标准中关于温度、相对湿度、空气流速的指标要求

参　数	标准值	备　注
温度/℃	22～28	夏季空调
	16～24	冬季采暖
相对湿度/%	40～80	夏季空调
	30～60	冬季采暖
空气流速/(m/s)	0.3	夏季空调
	0.2	冬季采暖

由于我国地域广阔，生态环境差异大，所以不同地域的全民健身活动中心对制冷或采暖方式不同，以冬季取暖为例：北方冬天取暖方式一般采用暖气供暖，而南方冬天取暖主要依靠空调设备，部分地区冬天可能无须采用取暖措施，导致不同地域全民健身活动中心的室内温度差异大，参考GB/T 18883—2002《室内空气质量标准》中对温度要求的标准值，本标准给出室内场所温度值16 ℃～28 ℃大范围区间。

温度变化对健身锻炼影响明显。当温度过高时，会造成人体体温调节障碍，其主要影响人体对流和辐射散热，使得体内热度积聚，体温升高，容易中暑。温度过低时，长时间运动，体温散失过多，会出现头晕、协调能力下降等征象，容易摔倒，若体温进一步降低，会导致昏迷，甚至危及生命。所以运动健身要选择适宜的温度。根据研究，人体最适宜的自然环境温度为18 ℃～24 ℃。夏季使用空调调控温度时，人体最适宜空调温度为24 ℃～27 ℃，室内外温差不宜大于5 ℃。冬季人体最适宜温度为18 ℃～22 ℃。

依据《公共建筑室内温度控制管理办法》(建科[2008]115号)，在全民健身活动中心新建空调系统设计时，设计单位应严格按照GB 50189—2005《公共建筑节能设计标准》的相关条款进行设计。空调房间均应具备温度控制功能，活动中心管理人员可根据建筑负荷需求调节供冷与供热量，将室内温度维持在设定值。主要功能房间应在明显位置设置带有显示功能的房间温度测量仪表；在可自主调节室内温度的房间和区域，应设置带有温度显示功能的室温控制器。

【标准条文】

> 6.1.6　场所内外环境噪声应符合GB 3096中城市2类声环境功能区的要求。

【条文释义】

全民健身活动中心的声环境质量条件关系到为健身者提供良好的比赛、训练、健身环境，也关系到为群众体育比赛观众创造良好的视听环境，还关系到为场所内工作人员创造方便有效的工作环境。根据 GB 3096—2008《声环境质量标准》声环境功能区分类，按照区域的使用功能特点和环境质量要求，声环境功能区可分为以下五种类型：

0 类声环境功能区：指康复疗养区等特别需要安静的区域。

1 类声环境功能区：指以居民住宅、医疗卫生、文化教育、科研设计、行政办公为主要功能，需要保持安静的区域。

2 类声环境功能区：指以商业金融、集市贸易为主要功能，或者居住、商业、工业混杂，需要维护住宅安静的区域。

3 类声环境功能区：指以工业生产、仓储物流为主要功能，需要防止工业噪声对周围环境产生严重影响的区域。

4 类声环境功能区：指交通干线两侧一定距离之内，需要防止交通噪声对周围环境产生严重影响的区域，包括 4a 类和 4b 类两种类型。4a 类为高速公路、一级公路、二级公路、城市快速路、城市主干路、城市次干路、城市轨道交通（地面段）、内河航道两侧区域；4b 类为铁路干线两侧区域。

声环境功能区适用表 2-6-3 规定的环境噪声等效声级限值。

表 2-6-3 环境噪声限值

单位：dB(A)

声环境功能区类别		时段	
		昼间	夜间
0 类		50	40
1 类		55	45
2 类		60	50
3 类		65	55
4 类	4a 类	70	55
	4b 类	70	60

依据 GB 3096—2008《声环境质量标准》及 GB/T 15190—2014《声环境功能区划分技术规范》中对声环境功能区的分类，全民健身活动中心应属于城市 2 类声环境功能区，其昼间的环境噪声等效声级限值应控制在 60 dB 以下，夜间的环境噪声等效声级限值应控制在 50 dB 以下。

噪声监测可采用 GB 3096—2008《声环境质量标准》附录 B 中的监测办法进行监测。

【标准条文】

6.1.7 室内场所应配置通风排气设施，各区域通风良好、无异味。

【条文释义】

运动健身时人体需要消耗大量体能，需要呼吸大量新鲜空气，并同时排出大量二氧化碳，若没有良好的通风排气设施会导致废气在有限空间里不断循环，这对于运动健身者健康有所损害。同时，人体剧烈运动时体表的汗液和微生物也相应增多，此时如果空气交换不充分，空气中的细菌、病毒、病原体和二氧化碳堆积，容易诱发咽喉炎、气管炎等呼吸系统疾病。所以良好的排风换气在全民健身活动中心至关重要。

全民健身活动中心作为公共场所，其通风排气系统应符合 WS 394—2012《公共场所集中空调通风系统卫生规范》的要求。

集中空调系统新风量的设计应符合表 2-6-4 的要求。

表 2-6-4　新风量要求

场　所　名　称	新风量 $m^3/(h \cdot 人)$
宾馆、饭店、旅店、招待所、候诊室、理发店、美容店、游泳场(馆)、博物馆、美术馆、图书馆、游艺厅(室)、舞厅等	≥30
饭馆、咖啡馆、酒吧、茶座、影剧院、录像厅(室)、音乐厅、公共浴室、体育场(馆)、展览馆、商场(店)、书店、候车(机、船)室、公共交通工具等	≥20

全民健身活动中心属于体育馆的范畴，因此，全民健身活动中心的新风量应 $\geq 20\ m^3/(h \cdot 人)$。

【标准条文】

> 6.1.8　各类公共信息图形符号标志应符合 GB/T 10001.1 、GB/T 10001.2、GB/T 10001.4的要求，且标志应清晰、实用、美观。

【条文释义】

GB/T 10001.1—2012《公共信息图形符号　第 1 部分：通用符号》、GB/T 10001.2—2006《标志用公共信息图形符号　第 2 部分：旅游休闲符号》和 GB/T 10001.4—2009《标志用公共信息图形符号　第 4 部分：运动健身符号》是全民健身活动中心公共信息导向系统中位置标志、导向标志、信息说明、示意图等导向要素设计的重要标准依据。其中，GB/T 10001.1—2012《公共信息图形符号　第 1 部分：通用符号》给出了 116 种公共信息图形符号；GB/T 10001.4—2009《标志用公共信息图形符号　第 4 部分：运动健身符号》给出了 114 种体育比赛、训练及大众运动、娱乐、健身方面的标志用公共信息图形符号。公共信息图形符号在实际应用中，使用公共信息图形符号设计导向要素时，应符合 GB/T 20501《公共信息导向系统　导向要素的设计原则与要求》系列标准中的相关要求。

【标准条文】

> **6.2　安全设施设备要求**
>
> **6.2.1　消防安全设施设备**
>
> **6.2.1.1**　建筑物的防火设计应符合 GB 50016 的要求。

【条文释义】

全民健身活动中心建筑物的消防安全管理是关乎公共安全和公共服务的重要安全管理内容。建筑物的防火设计是消防安全管理的先决条件。建筑物的耐火等级以及建筑相应构件燃烧性能和耐火极限必须符合强制性国家标准。GB 50016—2014《建筑设计防火规范》中不同耐火等级建筑相应构件的燃烧性能和耐火极限值见表 2-6-5。全民健身活动中心属于单层、多层重要公共建筑，其耐火等级应不低于二级。如果有地下健身场所，其耐火等级应不低于一级。

表 2-6-5 不同耐火等级建筑相应构件的燃烧性能和耐火极限　　单位：h

构件名称		耐火等级			
		一级	二级	三级	四级
墙	防火墙	不燃性 3.00	不燃性 3.00	不燃性 3.00	不燃性 3.00
	承重墙	不燃性 3.00	不燃性 3.00	不燃性 3.00	难燃性 0.50
	非承重墙	不燃性 1.00	不燃性 1.00	不燃性 0.50	可燃性
	楼梯间和前室的墙	不燃性 2.00	不燃性 2.00	不燃性 1.50	难燃性 0.50
	疏散走道两侧的隔墙	不燃性 1.00	不燃性 1.00	不燃性 0.50	难燃性 0.25
	房间隔墙	不燃性 0.75	不燃性 0.50	难燃性 0.50	难燃性 0.25
柱		不燃性 3.00	不燃性 2.50	不燃性 2.00	难燃性 0.50
梁		不燃性 2.00	不燃性 1.50	不燃性 1.00	难燃性 0.50
楼板		不燃性 1.50	不燃性 1.00	不燃性 0.50	可燃性
屋顶承重构件		不燃性 1.50	不燃性 1.00	可燃性 0.50	可燃性
疏散楼梯		不燃性 1.50	不燃性 1.00	不燃性 0.50	可燃性
吊顶		不燃性 0.25	难燃性 0.25	难燃性 0.15	可燃性

【标准条文】

6.2.1.2　建筑消防设施的维护管理应符合 GB 25201 的要求。

【条文释义】

全民健身活动中心建筑消防设施按照国家有关法律法规和国家工程建设消防技术标准设置，是探测火灾发生、及时控制和扑救初期火灾的重要保障。对建筑消防设施实施维护管理，确保其完好有效，是建筑物产权、管理和使用单位的法定职责。为了加强消防安全管理，本标准引用了 GB 25201—2010《建筑消防设施的维护管理》。GB 25201—2010 从值班、巡查、检测、维护、保养、建档等工作对建筑消防设施维护管理提出了具体要求。对于全民健身活动中心建筑消防设施的维护管理，提出如下六个方面总体要求。

1. 建筑物的产权单位或受其委托管理建筑消防设施的单位，应明确建筑消防设施的维护管理归口部门、管理人员及其工作职责，建立建筑消防设施值班、巡查、检测、维修、保养、建档等制度，确保建筑消防设施正常运行。
2. 同一建筑物有两个以上产权、使用单位的，应明确建筑消防设施的维护管理责任，对建筑消防设施实行统一管理，并以合同方式约定各自的权利和义务。委托物业等单位统一管理的，物业等单位应严格按合同约定履行建筑消防设施维护管理职责，建立建筑消防设施值班、巡查、检测、维修、保养、建档等制度，确保管理区域内建筑消防设施正常运行。
3. 建筑消防设施维护管理单位应与消防设备生产厂家、消防设施施工安装企业等有维修、保养能力的单位签订消防设施维修、保养合同。维护管理单位自身有维修、保养能力的，应明确维修、保养职能部门和人员。
4. 建筑消防设施投入使用后，应处于正常工作状态。建筑消防设施的电源开关、管理阀门，均应处于正常运行位置，并标示开、关状态；对需要保持常开或常闭状态的阀门，应采取铅封、标识等限位措施；对具有信号反馈功能的阀门，其状态信号应反馈到消防控制室；消防设施及其相关设备电气控制柜具有控制方式转换装置的，其所处控制方式宜反馈至消防控制室。
5. 不应擅自关停消防设施。值班、巡查、检测时发现故障，应及时组织修复。因故障维修等原因需要暂时停用消防系统的，应有确保消防安全的有效措施，并经单位消防安全责任人批准。
6. 城市消防远程监控系统联网用户，应按规定协议向监控中心发送建筑消防设施运行状态信息和消防安全管理信息。

此外，GB 25201—2010《建筑消防设施的维护管理》还对值班、巡查、检测、维修、保养、建档等维修管理工作提出了具体明确的要求，全民健身活动中心消防设施的维护管理工作应按 GB 25201—2010 中的相应标准条款要求进行操作。

【标准条文】

6.2.1.3　治安、消防、安全管理应达到相应部门检查验收合格标准。

【条文释义】

依据《中华人民共和国消防法》第十一条规定："国务院公安部门规定的大型的人员密集场所和其他特殊建设工程，建设单位应当将消防设计文件报送公安机关消防机构审核。公安机关消防机构依法对审核的结果负责"。

同时，《中华人民共和国消防法》第十三条规定："按照国家工程建设消防技术标准需要进行消防设计的建设工程竣工，依照下列规定进行消防验收、备案：（一）《中华人民共和国消防法》第十一条规定的建设工程，建设单位应当向公安机关消防机构申请消防验收；（二）其他建设工程，建设单位在验收后应当报公安机关消防机构备案，公安机关消防机构应当进行抽查"。

另外，《中华人民共和国消防法》第十五条规定："公众聚集场所在投入使用、营业前，建设单位或者使用单位应当向场所所在地的县级以上地方人民政府公安机关消防机构申请消防安全检查""公安机关消防机构应当自受理申请之日起十个工作日内，根据消防技术标准和管理规定，对该场所进行消防安全检查。未经消防安全检查或者经检查不符合消防安全要求的，不得投入使用、营业"。

因此，新建全民健身活动中心应按照法律规定进行消防验收。在投入使用、营业前，全民健身活动中心建设单位或者使用单位应当向场所所在地的县级以上地方人民政府公安机关消防机构申请消防安全检查。办理《公众聚集场所投入使用、营业前消防安全检查合格证》，需要提交的主要材料包括《中华人民共和国消防法》和《消防监督检查规定》（公安部第120号令）所规定的《消防安全管理制度》《灭火和应急疏散预案文件》《消防安全检查申报表》《该场所或单位营业前书面申请书》《场所平面布置图》《该场所或单位法人身份证复印件》《建筑工程消防验收合格或备案及审核法律文书》《营业执照复印件或工商管理机关出具的企业名称预先核准通知书》《员工消防安全培训记录》《自动消防系统操作人员的消防行业特有工种职业资格证书》《室内装修设计施工图、消防产品质量合格证明文件》等。

【标准条文】

6.2.1.4　应有安全保卫监视系统。

【条文释义】

全民健身活动中心的安全保卫监控系统由监控室管理人员负责监控。监控室管理人员负责做好健身活动中心安保监控系统范围内的监控工作，并做好当班的资料记录，发现异常情况须立即汇报。管理人员须密切注意监控设备运行状况，保证监控设备安全有序（见图2-6-1）。

全民健身活动中心安保监控系统图像应当实行自动保存,图像保存时间不少于当地公安部门规定时间。工作人员不定时检查监控系统线路和设备,并将检查情况做好记录。对有问题的应及时通知相关人员进行维修,并做好记录。安保监控系统可以降低治安保卫工作的难度,减轻人员的工作强度,解决无法全时监控、无死角监控等问题,有效地提高了安全保卫工作的工作效率、工作质量和工作能力。

图 2-6-1 安保监控室

以安全防范监控为目的的视(音)频数字录像设备采购和验收应符合 GB 20815—2006《视频安防监控数字录像设备》的要求。在安防监控中应用的视频实时智能分析设备的功能、性能、接口、电磁兼容性、环境适应性等应符合 GB/T 30147—2013《安防监控视频实时智能分析设备技术要求》的要求。

【标准条文】

6.2.1.5 体育器材的使用和存放应符合消防安全规定,不得占用消防通道。

【条文释义】

消防通道是指消防人员实施营救和被困人员疏散的通道,如楼梯口、过道等(见图 2-6-2)。《中华人民共和国消防法》第二十八条规定:"任何单位、个人不得损坏、挪用或者擅自拆除、停用消防设施、器材,不得埋压、圈占、遮挡消火栓或者占用防火间距,不得占用、堵塞、封闭疏散通道、安全出口、消防车通道。人员密集场所的门窗不得设置影响逃生和灭火救援的障碍物"。为此,本标准中特别作出规定和提示,为符合国家消防安全要求,体育器材的存放不得占用消防通道。

a) 室内消防通道

b) 室外消防通道

图 2-6-2 消防通道

【标准条文】

6.2.1.6 火灾自动报警器、自动灭火系统、消火栓及附属设施、防火封堵及其他消防设施应保持使用状态良好，消防器材红箱应摆放在醒目的位置。

【条文释义】

1. 全民健身活动中心所配置的火灾自动报警器、自动灭火系统、消火栓及附属设施、防火封堵及其他消防设施应保持使用状态良好。确保使用状态良好的方法是建立完善的维护管理制度，定期进行巡查和检测。根据全民健身活动中心建筑物的不同规模和防火设计要求，其巡查的重点范围应包括消防供配电设施、火灾自动报警系统、电气火灾监控系统、可燃气体探测报警系统、消防供水设施、消防栓灭火系统、自动喷水灭火系统、泡沫灭火系统、气体灭火系统、防烟排烟系统等。
2. 以火灾自动报警系统为例，其巡查的重点环节应包括火灾探测器、手动报警按钮、信号输入模块、输出模块外观及运行状态；火灾报警控制器、火灾显示盘、CRT 图形显示器运行状况；消防联动控制器外观及运行状况；消防控制室工作环境；系统接地装置外观等方面。
3. 以消防栓灭火系统为例，其巡查的重点环节应包括消防栓、消防卷盘外观及配件完整情况；屋顶试验消防栓外观及配件完整情况、压力显示装置外观及状态显示情况；室外消防栓外观、地下消防栓标识、栓井环境；消防炮、炮塔、现场火灾探测控制装置、回旋装置等外观及周围环境等。
4. 消防器材红箱设置点的要求：

(1) 消防器材红箱设置点应科学合理，分布做到“重点防护，兼顾全局”；

(2) 消防器材红箱应设置在明显的地点，比如进出口处，楼梯口等显眼位置或重点防护设备旁边；

(3) 消防器材红箱应设置在便于人们取用的地点，放置地点应防雨、防水，与火源、水源、震动源等有1 m以上的距离，便于灭火器的稳固安放；

(4) 消防器材红箱的设置点环境不得对消防器材的使用产生不良影响；

(5) 消防器材红箱的设置不得影响安全疏散；

(6) 消防器材红箱设置点应便于人员对灭火器进行保养、维护及清洁卫生。

图 2-6-3 所示为灭火器箱。

a）正面展示

b）背面展示

图 2-6-3 灭火器箱（正面、背面直观展示）

5. 灭火器摆放的要求：

(1) 灭火器需置于消防器材红箱内，或设置在挂钩、托架上(其顶部离地面高度应小于 1.50 m，底部离地面高度宜不小于 0.15 m)；

(2) 面向外，摆放稳固；

(3) 前方净空(每个设置点 0.3 m 计算)并予以标示；

(4) 外观清楚，无灰尘；

(5) 灭火器上方须用标示牌标示(顶部离地高度大于 1.8 m、小于 2.5 m 或根据摆放点实际情况设置，要求标示明显易见，指示正确)；

(6) 灭火器设置点的位置和数量应根据灭火器的最大保护距离确定，并应保证最不利点至少在 1 具灭火器的保护范围内。原则上一个计算单元内配置的灭火器数量不得少于 2 具，每个设置点的灭火器数量宜不多于 5 具。

一定要进行定期的灭火器年检、灭火器维修等工作，否则轻者缩短灭火器的使用寿命、降低使用性能，重者使灭火器失去效用、造成不必要的损失。

6. 其他消防器材：

除灭火器、消火栓、切割工具、火灾探测器、火灾自动报警系统等消防设施设备外，宜配置其他消防器材，如急救设备包括氧气瓶、简易呼吸器、手电筒等(见图 2-6-4)。

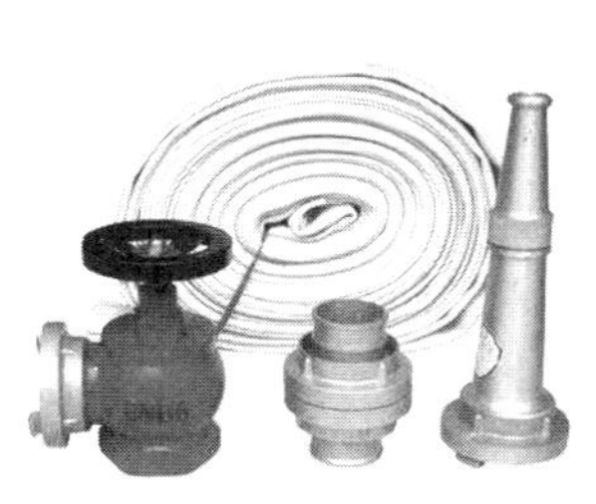

a) 消防水带

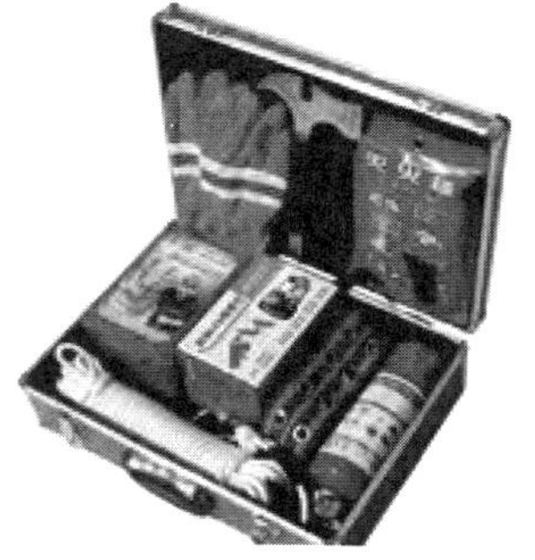

b) 灭火器

c) 消防器材

图 2-6-4　消防设备器材及急救设备

【标准条文】

> 6.2.2　**电器机械设施设备**
>
> 6.2.2.1　建筑电气设计应符合 JGJ 354 的要求。
>
> 6.2.2.2　建筑电气验收应执行 GB 50303。

【条文释义】

1. JGJ 354—2014《体育建筑电气设计规范》适用于新建、扩建和改建的体育建筑的电气设计。其主要涵盖了体育建筑电气设计的术语、供配电系统、配变电所、继电保护及电气测量、应急照明与附属用房照明、常用设备电气装置、配电线路布线系统、防雷与接地、设备管理系统、信息设施系统、专用设施系统、信息应用系统、机房工程、电磁兼容与电磁环境卫生、电气节能方面的内容。本标准所指的全民健身活动中心属于一般规模体育建筑，可按照丙级体育建筑进行供配电系统的设计。全民健身活动中心的电气设计应做到安全可靠、经济合理、技术先进、维护管理方便。在电气设计过程中应遵照JGJ 354—2014 对电磁污染、声污染、光污染等采取综合治理措施，满足环境保护要求。全民健身活动中心的电气装备水平应与建设工程的功能要求和使用性质相适应。

2. GB 50303—2015《建筑电气工程施工质量验收规范》是为了加强建筑工程质量管理，统一建筑电气工程施工质量验收而制定的验收规范。电压等级为 35 kV 及以下建筑电气安装工程的施工质量应依据本规范进行验收。建筑电气工程施工的基本规范规定：工程施工涉及的变压器、箱式变电所安装，成套配电柜、控制柜（台、箱）和配电箱（盘）安装，电动机、电加热器及电动执行机构检查接线，柴油发电机组安装，UPS 及 EPS 安装，电气设备试验和试运行，母线槽安装，梯架、托盘和槽盒安装，导管敷设，电缆敷设，导管内穿线和槽盒内敷线，塑料护套线直敷布线，钢索配线，电缆头制作，导线连接和线路绝缘测试，普通灯具安装，专用灯具安装，开关、插座、风扇安装，建筑物照明通电试运行，接地装置安装，变配电室及电气竖井内接地干线敷设，防雷引下线及接闪器安装，建筑物等电位联结等应依据 GB 50303—2015 进行施工质量验收。

【标准条文】

6.2.2.3　各种电器、机械设备应保持良好状态，随时启用。

6.2.2.4　变配电室为 10 kV 电压等级且容量在 630 kVA 及以上的，应安排专人昼夜值班，值班人员应做好值班工作记录。

【条文释义】

电器和机械设备的正常运转关系到全民健身活动中心的正常运行、安全生产和开放服务。因此，电器和机械设备的管理尤为重要。全民健身活动中心的电器和机械设备运行应遵循下列要求，以使其保持良好状态，随时启用。

（1）严格按照使用说明书进行使用；

（2）禁止超负荷运行；

（3）禁止长时间运行；

（4）保持良好通风，利于散热；

（5）保持环境卫生，防止异物进入造成接触不良或短路；

（6）保持接地良好；

（7）定期进行维护保养，并将维护保养情况形成记录。

变配电室为 10 kV 电压等级且容量在 630 kV · A 及以上的，应安排专人昼夜值班。为保证变配电室设备及系统正常运行，并保证值班人员的人身安全，通常情况下，变配电室为 10 kV 电压等级且容量在 630 kV · A 及以上的，值班人员每班不少于两人，值班人员应持有《特种作业操作证》（电工作业），且明确一人为当班负责人。

同时，全民健身活动中心必须建立和完善变配电室管理有关的规章制度，且认真落实并监督检查。一般来讲，配电室管理规章制度应至少包括《配电室值班制度》《配电室交接班制度》《配电室安全管理制度》《配电室安全消防管理制度》《配电室运行人员巡视巡检制

度》。变配电室值班人员应做好值班工作记录、交接班记录以及巡视巡检记录，所有记录应严格按照相关制度规定填写，并及时上报主管人员。

【标准条文】

> 6.2.2.5 变配电室应设置防止雨、雪和小动物从采光窗、通风窗、门、电缆沟等进入室内的设施。
>
> 6.2.2.6 变配电室的电缆夹层、电缆沟和电缆室应采取防水、排水措施。
>
> 6.2.2.7 变配电室出入口应设置高度不小于 400 mm 的挡板。

【条文释义】

1. 为防止雨、雪进入配电室室内，消除变配电室积水、漏水以及渗水隐患，保证电气设备运行的安全，变配电室应保证门窗完好无损，在门窗上加装防雨台板，并定期检查门窗的密闭性。同时应做好墙体防水，可使用防水隔热材料对墙体进行铺面。

图 2-6-5 配电室出入口挡板

2. 变配电室应有良好的采光与自然通风，但采光、通风均必须采取以下措施防止小动物进入。其中小动物是指麻雀、老鼠、猫、蛇等，也包括可能引起电气设备事故的比较大的飞虫。

   (1) 门窗须保持完好，出入口应设置挡板(见图 2-6-5)，挡板应为绝缘材料。挡板一般越高越好，但太高人员进出不方便，所以设置为 400 mm 为宜。

   (2) 窗户和通风百叶窗应设置 1 cm 见方的铁丝网。设备安装完毕后须对进、出电线孔隙用防火防水的绝缘材料进行封堵。

   除门、窗需要采取防止小动物进入的措施外，还应对电缆、电线用的管沟、槽等出、入口处进行定期检查，以防止老鼠咬坏电缆，防止蛇、猫等造成电气设备短路。

3. 为防止电缆浸水后可能造成事故，规定位于变配电室电缆夹层、电缆沟和电缆室应采取防水、排水措施，并安排工作人员定期进行防水、排水检查。

【标准条文】

> 6.2.2.8 变配电室应配备用电设备布置平面分布图及安全技术资料，并悬挂变、配电系统操作模拟图板，应公示工作人员工作制度。

【条文释义】

变配电室应配备用电设备布置平面分布图、配电线路平面分布图安全技术资料，是为了方便日常运行操作和检修时能够快速找操作规程，解决问题，配电系统操作模拟图板应当尽可能做到清晰、简洁、易读、可视化，使之具备较强的指导性和实操性。

明显位置公示变配电室工作人员工作制度，是为了配电室出现问题能够及时处理，准确明晰应急管理流程，及时联系修理工作人员，也是为了变配电室日常管理能够更加规范化和标准化。

【标准条文】

6.2.3 疏散设施

6.2.3.1 消防应急照明和疏散指示系统应符合 GB 17945 的要求。

【条文释义】

应急疏散设施设备包括安全出口、疏散走道、楼梯间及楼梯、消防电梯、避难层(间)、应急照明和疏散指示标志等。其中消防应急照明和疏散指示系统是重要的消防应急设备。消防应急照明和疏散指示系统即为人员疏散、消防作业提供照明和疏散指示的系统，由各类消防应急灯具及相关装置组成。按照系统形式分类，消防应急照明和疏散指示系统可以分为自带电源集中控制型、自带电源非集中控制型、集中电源集中控制型和集中电源非集中控制型四种类型。为了保障健身群众安全，全民健身活动中心消防应急照明和疏散指示系统的防护等级、一般要求、试验方法、检验规则、标志与使用说明必须符合 GB 17945—2010《消防应急照明和疏散指示系统》的要求(见图 2-6-6)。各类疏散指示标志灯的图形应符合GB 13495.1—2015《消防安全标志　第 1 部分：标志》的要求。

图 2-6-6　疏散指示系统标志

【标准条文】

> 6.2.3.2 应有覆盖全部区域的中、英文双语应急广播系统。

【条文释义】

语音广播系统应覆盖中心所有角落，可进行通知、找人、寻物等事务性广播。当有紧急情况发生时，广播须自动切入紧急信号，以保障活动人员安全。使用中、英双语播报，避免遇到危险时有健身群众听不到或听不懂重要的安全提示信息。

【标准条文】

> 6.2.3.3 应有场所平面示意图及疏散通道指示图，且分布在全部区域。疏散平面图的设计应符合 GB/T 25894 的要求。

【条文释义】

疏散平面图的设计应符合 GB/T 25894—2010《疏散平面图 设计原则与要求》，该标准规定了包含消防、逃生、疏散以及设施内人员营救等相关信息的疏散平面图的设计原则与要求。标准对于疏散平面图绘制过程中涉及的图名、总平面图、疏散详图、安全通告、图例、其他信息、颜色使用、材料、安装位置、检查与修订等事项进行了详细规定。场所平面示意图及疏散通道指示图的公示有助于降低全民健身活动中心在危险情况发生时成功疏散人群的不确定性，并能够减少在紧急情况下出现人群行动流线混乱的可能性。疏散平面图建议在全民健身活动中心每层楼的主入口处；靠近电梯和楼梯的位置；每个空间内；人员聚集地点；疏散路线主要的汇合点和交叉点等位置分别进行配置（见图 2-6-7）。

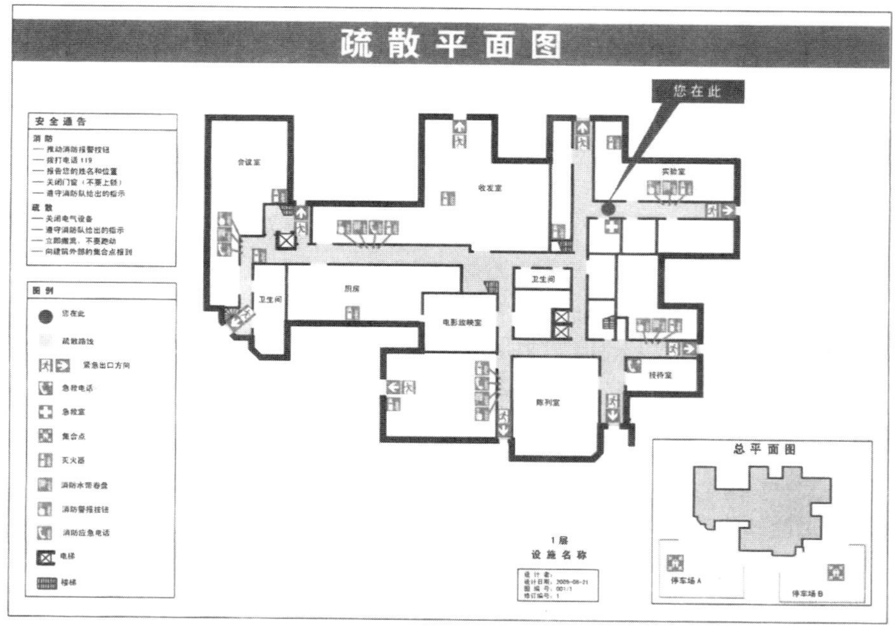

图 2-6-7 消防疏散平面图

【标准条文】

6.2.3.4　安全出口的疏散门应向疏散方向水平开启,安全出口的宽度应不小于1.4 m,两侧1 m范围内不应设置、堆放或者悬挂任何物品,安全出口门内门外1.4 m范围内不应设踏步,并不应设置门槛。

【条文释义】

体育运动项目经营单位应当保证安全出口的畅通;不得封闭、堵塞安全出口;安全出口处不得设置门槛。疏散门应当向疏散方向水平开启,不得采用卷帘门、转门、吊门、侧拉门。门内和门外1.4 m范围内不得设置踏步。

【标准条文】

6.2.3.5　向公众开放区域内应设置疏散通道,主要疏散通道应直接通向安全出口,主要疏散通道宽度应不小于2.4 m,辅助疏散通道宽度应不小于1.5 m。

【条文释义】

根据GB 50016—2014《建筑设计防火规范》5.5.20规定,观众厅内疏散走道的净宽度应按每100人不小于0.60 m计算,且不应小于1.00 m;5.5.16条规定,对于体育馆的观众厅,每个疏散门的平均疏散人数不宜超过400人～700人。本标准按照不超过400人计算,0.6 m/百人×400人=2.4 m。若每个疏散门平均疏散人数增加,应增加疏散通道宽度。

【标准条文】

6.2.3.6　安全出口、疏散通道和楼梯口应设置灯光型疏散指示标志,疏散指示标志应明显、连续,设在安全门的顶部或疏散通道和转角处距地面1 m以下的墙面上,指示标志的间距应不大于10 m,疏散通道宜同时设置蓄光型疏散指示标志。

【条文释义】

全民健身活动中心营业区域内的安全出口和疏散通道及其转角处应当设置发光疏散指示标志。指示标志应当能够在断电且无自然光照明时,指引疏散位置和疏散方向。指示标志应当设置在安全出口的顶部和疏散通道及其转角处距地面高度1 m以下的墙面上;设置在疏散通道上的指示标志的间距不得大于10 m。

疏散指示标志一般由几何形状、安全色、表示特定消防安全信息的图形符号组成。灯光型疏散指示标志的图形应符合GB 13495.1—2015《消防安全标志　第1部分:标志》的要求。通常来讲,蓄光型疏散指示标志常被选用,其优点在于以下五个方面:

(1)激发光源要求条件较低,发光时间长;

(2)无需电源,无毒无害、无放射性、化学性能稳定,节能环保;

(3)使用寿命长,在寿命期内可以重复使用,发光安全系数极高;

(4)安装简单。不必预埋管线,可以根据实际需要进行灵活安装,墙面、地面、扶手、梯

面等不同部位均可安装；

(5) 制造成本低廉，终生基本无须维护。

【标准条文】

6.2.3.7 应在安全出口、疏散通道、重点要害部位和人员密集区域设置应急照明灯，应急照明达到地面的最低照度应不小于 1.0 lx，断电后连续照明时间应不少于 20 min。

【条文释义】

全民健身活动中心营业区域内的安全出口、疏散通道和重点部位应当设置应急照明灯。应急照明灯的连续照明时间不得少于 20 min。GB 50016—2014《建筑设计防火规范》对照明的照度规定："对于疏散走道，不应低于 1.0 lx"。消防应急照明灯具的分类可以按照用途、工作方式、应急功能供电方式、应急控制方式等不同原则进行分类。具体分类见图 2-6-8。

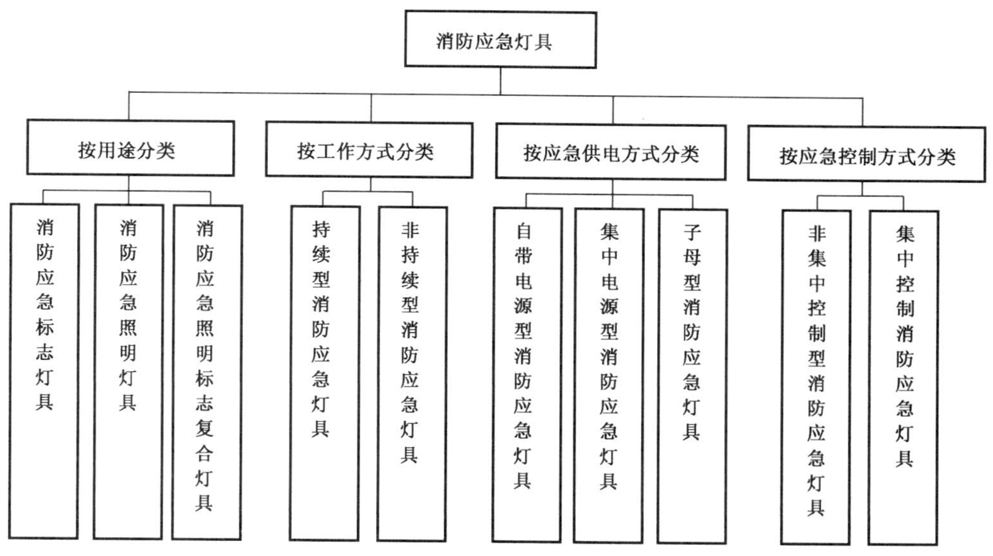

图 2-6-8 消防应急照明灯具分类

【标准条文】

6.2.4 安全标识与应急设备

6.2.4.1 应悬挂关于场地、器材和设备的使用说明，在有较大危险因素的部位、器材和设备上，应设置安全警示标志。

6.2.4.2 入口处、各体育场地的醒目位置，应设置体育活动人员安全须知。安全须知应包括但不限于以下部分：

——体育活动人员进入体育活动场地的运动安全、场地安全须知；

——儿童安全、老年人及残疾人安全方面的内容；

——对过度疲劳、酒后及有疾病症状不宜参加体育活动的人员进行劝阻等方面的内容。

6.2.4.3 应有禁止吸烟标志。

6.2.4.4 应配备供紧急处理、救治所需的急救药品及可供救援使用的担架、轮椅等设备，并摆放于便于取用的明显位置。

6.2.4.5 配置的急救药品药箱宜包括救治急性闭合性软组织损伤、急性开放性软组织损伤的急救药箱和便携式心脏除颤装置。

【条文释义】

1. 悬挂场地、器材和设备的使用说明是为了方便健身者能够清晰地掌握使用场地或器材的具体要求和方法，悬挂安全警示标志可以降低由于器材或者设备使用不当，发生人身安全事故的风险。以室内固定健身器材为例，一般健身器材会贴挂具体使用说明，使用说明中包括器材训练的主要功能、锻炼人体肌肉、肌群的部位示例等信息（见图 2-6-9）。另外，悬挂安全警示是十分有必要的，例如，游泳项目场地，需要提示禁止跳水、说明深水区域等信息（见图 2-6-10）。

图 2-6-9　体育馆内器材使用说明

a) 游泳须知

b) 安全提示

图 2-6-10　游泳馆安全及信息提示

2. 体育运动项目具有一定的安全风险。全民健身活动中心应当进行安全须知提示。安全须知除包括运动安全、场地使用安全、老弱病残孕安全须知外，还可以包含消防安全、物品携带安全、日常安全须知等(见图 2-6-11)。

眉山市体育馆入场须知

1.进馆人员应严格遵守国家法律、法规和市体育馆规章制度，服从工作人员管理，自觉维护公共秩序。

2.高龄老人、孕妇和未成年人入馆应由成年人陪同，以免发生危险。

3.爱护公共财物，进馆人员须穿运动鞋，不准穿硬底、带钉皮鞋和高跟鞋等进入场内。损坏设备设施，照价赔偿。

4.妥善保管个人物品，不随意放置，如有丢失，自行负责。

5.讲文明、讲礼貌，不在馆内高声喧哗、嬉戏打闹，严禁在馆内吸烟、严禁带宠物进入馆内、严禁在体育馆内翻越看台

6.讲卫生，不随地吐痰，不乱扔果皮纸屑口香糖和饮料瓶等，严禁将水或饮料倒在木地板上。

7.进入馆内运动时注意安全，以免造成伤害事故。若发生扭伤、摔伤、冲撞、打架、使用器材不当等任何伤害事故，自行负责。

8.严禁随意触动馆内器材和消防、电器设施，不得拉、压球网、球架。

9.严禁在馆内聚众寻衅滋事，打架斗殴。严禁携带易燃、易爆、易腐蚀等违禁物品和枪支、弹药、管制刀具等危险物品进入场馆，违者移交公安机关按相关法律、法规处理。

图 2-6-11　眉山市体育馆入场须知

3. 全民健身活动中心内应禁止吸烟，并应在场馆内明显位置，如场馆出入口等地方张贴禁止吸烟标志。

4. 全民健身活动中心必须配置应急用药品及设备，并且应该方便取得，建议配置明显的指示牌提示急用药品及设备存放地点。日常定期开展急救措施的培训，防患于未然。

应急用药品配备的物品清单如表 2-6-6 所示。除此之外，便携式心脏除颤装置、担架、轮椅也是应当配置的应急救援装备。

表 2-6-6　应急药物种类

药品种类	所需药物
医疗器械类	消毒棉、纱布、创可贴、绷带、剪刀、体温计、洗耳球等
外用伤口清洗药品	双氧水、医用酒精，碘伏等
外用消炎消毒药	医用酒精、碘酒、红药水等

续表 2-6-6

药品种类	所需药物
外用扭伤药	风湿膏、红花油等
灼伤、烫伤类药品	烫伤膏、绿药膏等
感冒咳嗽类药品	速效伤风胶囊、强力银翘片、小儿感冒灵、蛇胆川贝液、复方甘草片、板蓝根冲剂等
助消化类药品	多酶片、山楂丸、健胃消食片等
解热镇痛类药品	阿司匹林、去痛片、消炎痛、布洛芬等
防暑降温类药品	藿香正气水等
止泻类药品	易蒙停、止泻宁等

运动经常出现的损伤及应急处理方法，见表 2-6-7。

表 2-6-7　运动常出现损伤及应急处理方法

病症	应急处理方法
运动疲劳	合理安排训练时间，注意劳逸结合
擦伤	用清水冲洗干净后，使用酒精棉球对伤口周围进行消毒，涂上红药水或紫药水令伤口自愈
运动腹痛	减速慢跑，加强深呼吸，并调整呼吸和运动节奏，在手按压腹痛部位，或弯腰慢跑一段距离后，腹痛症状可以减轻或消失。疼痛剧烈时，可口服治疗内脏绞痛药物进行缓解
肌肉韧带拉伤	停止运动，用毛巾包裹冰决进行冷敷，然后用绷带适当用力包裹损伤部位，防止肿胀。在放松损伤部位肌肉并抬高伤肢的同时，可服用一些止疼、止血类药物。严重时应送医治疗
关节扭伤	停止运动，用毛巾包裹冰块进行冷敷，并保持拉伤的肌肉处于抬高的位置。严重时送医治疗
脱臼	应使受伤的关节平稳地固定在患者感到最舒适的位置，在进行妥善固定后，迅速送医治疗
骨折	使用木板固定伤处，迅速送医治疗
心绞痛	立即停止运动，并坐下或躺下休息，延缓或减轻心绞痛发作程度。严重时令患者平躺，并于舌下含服速效救心丸或硝酸甘油
中风	尽快送医。在救护车到达之前，可在患者头部垫一低枕，令其侧卧，并解开患者的紧身衣物，将患者头侧向一边，以维持患者足够的换气量
休克	尽快送医。在救护车到达之前，令患者平卧，保持呼吸顺畅，并注意病人体温，必要时采取保暖措施

【标准条文】

> **6.3 体育场地设施和器材**
>
> 6.3.1 配置的各类体育设施设备、体育场所服务、体育器材应符合相应国家标准和行业标准，并经验收合格后方可投入使用。

【条文释义】

我国体育领域相关国家标准和行业标准可详见本书附录二。体育领域目前制定和发布实施了多项体育设施设备标准、体育场所服务标准和体育器材标准。设施建设、服务采购和设备器材采购过程中应注意执行标准，按照标准进行验收。其中，要注意以下几点事项：

1. 全民健身活动中心的建设单位和管理运营单位在采购上述设施、设备、器材和服务的过程中应当将国家标准、行业标准中重要的使用要求、性能要求等技术信息作为用户需求写入招投标采购文件。
2. 上述设施、设备、器材和服务的验收工作应当由采购方主持进行。采购方可自行委托第三方机构进行合格评定，也可以委托设施、设备、器材和服务的中标单位委托第三方机构进行合格评定。验收以第三方合格评定机构出具的结果为依据；
3. 全民健身活动中心的建设单位和管理运营单位作为采购方，可以在招投标采购文件中明确负责合格评定的第三方机构的能力资质。通常来讲，第三方合格评定机构无论是认证机构、检测实验室还是检查机构，都应当具备执业开业资质和由中国认证认可协会出具的合格评定机构认可证书。采购方应当注意所委托的第三方合格评定机构的资质证书的附件是否说明其具备相应采购产品(服务)项目的合格评定能力。

【标准条文】

> 6.3.2 室内场所体育场地设施的净空高度应符合 JG/T 191 的要求。

【条文释义】

室内场所的体育场地设施净空高度是开展体育活动所必需的空间条件之一。常见运动训练场地室内最小净空高度已经在表 2-5-1 中给出。

【标准条文】

> 6.3.3 场所照明应保证合理必要的采光照明需求，体育活动场地水平照度应不小于 80 lx，且避免眩光。当室内体育场地照明需满足业余比赛或专业训练需求时，照明系统应符合 JGJ 153—2007 中 4.1 条的Ⅱ类要求。

【条文释义】

全民健身活动中心体育场地照明的设计与建设，是为了保证体育健身活动的使用功能需求，应当做到安全舒适、技术先进、经济合理、节约能源。通常来讲，体育场地照明的核心指标参数体现在水平照度、垂直照度、照度均匀度、维护系数、显色指数、色温、色品和色品坐标、炫光指数、应急照明和疏散照明等若干方面。全民健身活动中心作为健身场馆，日常体育场地需要正常使用照明，因此，本标准仅提出了水平照度要求。在用于业余比赛或专业训练的需求时，本标准结合 JGJ 153—2007《体育场馆照明设计及检测标准》中Ⅱ类要求（业余比赛、专业训练、无电视转播），提出了水平照度、水平照度均匀度、色温、显色指数、眩光指数的要求。

在此，将有关指标的概念作以下解释：

(1) 水平照度：即水平面上的照度。场地表面上的水平照度用来确定眼睛在视野范围内的适应状态，并用作凸显目标（运动员和物体）的视看背景；

(2) 水平照度均匀度：规定表面上的最小照度与最大照度之比以及最小照度与平均照度之比。均匀度用来控制比赛场地上的照度水平的变化；

(3) 色温：当光源的色品与某一温度下黑体的色品相同时，该黑体的绝对温度为此光源的色温。色温用来表述一种照明多暖（红）或多冷（蓝）的感受或表现感觉；

(4) 显色指数：光源显色性的度量。以被测光源下物体颜色和参照光源下物体颜色的相符合程度来表示；

(5) 眩光：由于视野中的亮度分布或亮度范围的不适宜，或存在极端的对比，以致引起不舒适感觉或降低观察细部或目标能力的视觉现象；

(6) 眩光指数：用来度量室外体育场或室内体育馆照明装置对人眼引起不舒适感主观反应的心理物理量。

标准中体育活动场地水平照度不小于 80 lx，而实际人眼感觉 80 lx 时光线偏暗，对体育活动有一定的影响。通过实际调研，全国大多数全民健身活动中心照度都能超过 80 lx，但考虑到中西部地区可能达不到高照度水平和全民健身活动中心日常节能的因素，最终确定为 80 lx。当室内体育场有业余比赛或专业训练时，照明水平必须达到 JGJ 153—2007 中 4.1 条的Ⅱ类照度要求（业余比赛、专业训练、无电视转播），见表 2-6-8。

表 2-6-8　JGJ 153—2007 Ⅱ类照度标准值

运动项目	水平照度/lx
篮球、排球	500
手球、室内足球	500
羽毛球	750/500
乒乓球	500
体操、艺术体操、技巧、蹦床场地	500
柔道、摔跤、跆拳道、武术场地	500
游泳、跳水场地	300
室内滑冰	500
网球	500/300
注：表中同一格有两个值时，“/”前为”主打区”的值，“/”后为“全打区”的值。主打区为场地划线范围内的比赛区域，通常也称为”比赛场地”。全打区是指主打区和比赛中规定的无障碍区。	

水平照度、水平照度均匀度是否能够符合标准要求，主要在于布灯方式；色温、显色指数能否符合标准要求，在于灯具和光源本身的特性；眩光是引起视觉疲劳的重要原因之一，应该采用合理的眩光控制方法，减少眩光对运动者的危害，如调整布灯方式、调整灯光照射角度、选择经过眩光处理的灯具等。

【标准条文】

6.3.4 体育场地划线应清晰、易于识别。

6.3.5 场地面层应平整无破损、滑涩程度适中、防止眩光，场地表面平整。

【条文释义】

场地划线必须清晰且与周围颜色形成反差，使健身群众容易辨识。当设置组合场地时，不同项目划线应该用不同颜色区分。

为保证日常健身活动或体育比赛能正常进行，场地面层必须平整无破损、滑涩程度适中、防止眩光，且保持场地表面平整。

【标准条文】

6.3.6 各类运动面层的性能要求应符合表 6 的要求。

表 6 全民健身活动中心各类运动面层性能要求

性能指标	面层种类					
	体育木地板	人造草坪	塑胶等合成面层	PVC 卷材等人工材料地面垫层	悬浮式拼装地板	丙烯酸面层
平整度	2 m 范围内小于等于 2 mm	3 m 范围内小于等于 10 mm	3 m 范围内小于或等于 6 mm	3 m 范围内小于或等于 6 mm	3 m 范围内小于或等于 6 mm	3 m 范围内小于或等于 6 mm
板面拼装缝隙宽度和相邻板材高差	最大允差为0.5 mm	—	—	最大允差为0.5 mm	最大允差为 0.5 mm	—
冲击吸收	≥40%	35%～70%	25%～70%	10%～55%	5%～20%	5%～35%
垂直变形	—	4 mm～9 mm	≤6 mm	—	—	—
滑动阻力	—	120BPN 20 ℃～220 BPN 20 ℃	50 BPN 20 ℃～110 BPN 20 ℃	55 BPN 20 ℃～110 BPN 20 ℃	—	60 BPN 20 ℃～100 BPN 20 ℃

表 6（续）

性能指标	面层种类					
	体育木地板	人造草坪	塑胶等合成面层	PVC 卷材等人工材料地面垫层	悬浮式拼装地板	丙烯酸面层
滑动摩擦系数	0.4～0.7	—	—	—	—	—
球反弹率	≥75%	30%～50%	≥80%	—	≥80%	≥80%
厚度	—	—	≥7 mm	≥5 mm	—	—
拉伸强度	—	—	≥0.4 MPa	≥0.4 MPa	—	—
拉断伸长率	—	—	≥40%	≥40%	—	—

【条文释义】

场地、平整度、冲击吸收、垂直变形、滑动阻力、厚度、球反弹率等指标必须满足相关体育项目的国家标准要求（相关标准清单查询详见“附录二”现行有效的主要体育国家标准和行业标准清单）。

本条给出了体育木地板、人造草坪、塑胶等合成面层、PVC 卷材等人工材料地面垫层、悬浮式拼装地板、丙烯酸面层的性能要求。表 6 中所述技术要求为群众健身要求，如果有业余比赛或者专业训练需求，全民健身活动中心运动场地性能要求必须达到相关国家标准要求。场地平整度、冲击吸收、垂直变形、滑动阻力、厚度、球反弹率等指标都是体育场地运动面层的重要性能指标。涉及场地的安全性能和使用性能。

以足球人造草坪为例，专业场地的标准指标通常包括四类，分别为足球与人造运动面层之间作用性能、运动员与人造运动面层之间作用性能、人工气候老化实验及其他性能、草坪样品质量规格性能。其中，足球与人造运动面层之间作用性能指标主要由垂直球反弹性能、球滚动、角度球反弹等指标组成；运动员与人造运动面层之间作用性能指标主要由冲击吸收、垂直变形、滑动摩擦系数、旋转阻力、线性摩擦-鞋钉减速度、线性摩擦-鞋钉滑动值、皮肤/运动表面间摩擦、表皮磨损等指标组成；人工气候老化实验及其他性能指标主要由草坪褪色变化、填充物褪色变化、草丝拉伸强度、热水浸泡后的草丝连接强度、渗水率、基布弹性垫拉伸强度等指标组成；草坪样品质量规格性能指标主要由单位面积质量、单位面积草簇数、草簇拔出力、草丝长度、草丝克重、填充物粒径尺寸等指标组成。

上述四类指标中，第一类指标主要反映的是人造草坪运动面层的比赛运动性能；第二类指标主要反映的是人体保护功能；第三类指标主要反映的是面层抗性和耐久性能；第四类指标反映的是草坪、草丝、填充物的基本质量规格性能。指标的设置和选择充分地考虑了比赛使用需求、竞技公平条件、使用者人身安全和产品质量寿命等因素。上述指标也是

专业比赛场地设计、施工、建设、验收的重点要求。

【标准条文】

> 6.3.7 各类全民健身中心的基础健身区(有氧、抗阻、伸展),应根据空间面积和健身人群使用习惯,按照有氧器械、固定训练器械、自由力量器械分区分功能进行合理配置

【条文释义】

中心应针对不同人群对基础健身区的功能分区进行合理分配。

1. 有氧器械

有氧健身器材包括:跑步机(见图 2-6-12)、健身车、踏步机、椭圆机、台阶器、动感单车、划船器、倒立机、体适能一体机、羽毛球器械、乒乓球器械等一些辅助有氧运动的器材。

有氧运动的目的在于增强心肺耐力,长期坚持有氧运动能增加体内血红蛋白的数量,提高机体抵抗力,抗衰老,增强大脑皮层的工作效率和心肺功能,增加脂肪消耗,防止动脉硬化,降低心脑血管疾病的发病率。适用于所有人群。

2. 固定训练器械

固定训练器械包括:坐式肌肉屈伸训练器(见图 2-6-13)、坐姿划船器、坐姿推胸器、坐姿下压器、坐姿肩上推举器、坐姿高位下拉器等器械。

图 2-6-12 跑步机

图 2-6-13 坐式肌肉屈伸训练器

器械运动轨迹相对固定,动作难度相应就不会太高,使得训练者便于掌握,并且有助于训练者以正确的方式进行练习,容易完成比较标准的动作,对目标肌肉、肌群训练针对性强。固定训练器械有着较好的安全性,适合初学者使用。

3. 自由力量器械

自由力量器械包括:各类杠铃、哑铃、壶铃等(见图 2-6-14)。

使用自由力量器械进行训练时,由于器械的运动轨迹不定,完成训练动作时需要各种辅助肌肉的参与,以保证平衡、稳定,难度较大。但这也是对训练者自身的一种锻炼,可以使肌肉均衡、全面、精准地发展,不仅锻炼了主要肌肉、肌群,也锻炼了辅助肌肉、肌群,提高综合训练水平和素质。适合高级训练者使用。

a) 杠铃

b) 哑铃

c) 壶铃

图 2-6-14 杠铃、哑铃、壶铃

【标准条文】

6.4 服务功能用房和附属设施设备配置要求

6.4.1 接待区(前台/接待室)

6.4.1.1 应设置在出入口附近明显的位置,与接待能力相适应,光线充足。

6.4.1.2 应提供接待、问询、预定、电脑结账等服务。

6.4.1.3 应有全民健身中心简介及服务项目宣传品、服务项目价目表、服务规范条例、顾客须知和意见箱。

6.4.1.4 应有体育专业指导人员简介、培训项目课程表。

6.4.1.5 应配有标准日期、时间显示装置。

6.4.1.6 应提供体育器材的租赁或售卖服务。

6.4.1.7 有会员制形式的全民健身中心,宜建立会员电子信息管理系统。

6.4.1.8 宜有数量与接待能力相适应的会员贵重物品存放柜。

6.4.1.9 应有为残障人员提供便利的服务设备(如轮椅等)。

【条文释义】

1. 为了方便健身群众办理咨询、结账等业务,接待区应设置在健身群众进出全民健身活动中心的明显位置。接待区内应有接待员。接待员所在位置的视线能直接看到入口处,以观察来客情况。接待员的座位不宜过高,以免造成访客仰望接待员的不礼貌现象。接待台置于入口接待区显著位置,接待区的布置要简洁、美观、大方,可适当摆放绿色植物或具有体育文化元素的布置用品(见图 2-6-15)。

图 2-6-15 全民健身活动中心接待台

2. 接待人员应遵守以下文明礼仪行为规范：

(1) 仪容仪表规范

禁止奇装异服，统一着装，服装干净整洁。面部清洁，头发梳理整齐。女士可化淡妆，无长甲。男士不留胡须，发型须露耳露脖颈。

(2) 仪态礼仪规范

坐姿：要端正稳重，入坐要轻缓，上身要直，腰部挺起，目光平视，面带微笑；切忌前俯后仰、半倚半坐、上下晃动、抖腿、跷脚、跷二郎腿、脱鞋、趴在工作桌上、伸懒腰、哼唱曲调、打哈欠等行为举止。

站姿：站立时身体要求端正、挺拔，两肩要平，放松，两眼自然平视，嘴型微闭，面带笑容；切忌东倒西歪、歪脖、斜肩、弓背等，双手不得交叉，也不得抱在胸口或插入口袋，不得靠墙或斜倚在其他支撑物上。

走姿：行走时身体重心可稍向前倾，昂首、挺胸、收腹，上体要正直，双目平视，嘴型微闭，面露笑容，肩部放松，两臂自然下垂摆动；切忌摇头晃脑、左顾右盼、手插口袋、慌张奔跑、嬉戏打闹或与他人勾肩搭背。

(3) 服务态度规范

保持微笑，文明礼貌，用语规范，亲切自然。

3. 接待区具备接待、问询、预定、电脑结账、形象展示等多重功能，接待区的工作人员通常需要处理以下工作内容：

(1) 接待来访者，提供信息咨询，对来访者的问询进行解答；

(2) 接收包裹、邮件、接听电话，进行信息接收以及电话接听答疑；

(3) 及时对网络平台、电话和自媒体客户端的场地预订进行反馈处理；

(4) 电话的呼出、留言；

(5) 活动场地的售票、检票工作；

(6) 对健身群众的活动费用及其他费用进行结算；

(7) 失物招领、贵重物品保管等。

4. 全民健身活动中心简介、服务项目宣传介绍、服务项目价目表、开放时间、服务规范、顾客须知可做成宣传册或指南形式摆放在前台附近，也可公示上墙展示。

意见箱应设置在明显位置，且箱体可使用红色或其他醒目颜色（见图 2-6-16），并派工作人员进行定期的意见收集整理，处理有关投诉问题，并根据问题处理情况及时答复意见提出者。对于改进服务管理的合理化意见和建议，应当积极采纳。

5. 体育专业指导人员简介、培训项目课程表建议，以宣传册或宣传展板形式呈现。接待人员应当熟悉体育专业指导人员简介和培训项目课程表，并能够为健身群众做出清晰完整的介绍。

6. 接待区需配有标准日期、时间显示装置，建议悬挂在接待处醒目的位置。

7. 全民健身活动中心必须提供体育用品售卖或者租赁服务，一是解决健身群众携带部分体育用品不方便问题，二是解决健身群众健身过程中体育器材消耗品（羽毛球，乒乓球）的使用问题。体育用品售卖或者租赁点最好配备专业人员能够为健身群众推荐正规的、适合个人使用的体育用品。

图 2-6-16　意见箱

8. 若全民健身活动中心采取会员制销售管理模式，会员的管理可通过会员卡销售管理方式进行，会员电子信息管理系统功能设计可参考图 2-6-17。

会员电子信息系统的建立，应根据系统管理的信息，建立用户表，包含用户名、用户权限、口令等信息；建立会员信息表，包含会员的基本信息及会员卡号、会员卡类型等信息；建立会员卡表，包含会员卡的基本信息，且通过会员卡号与会员信息表建立一对一的关系；建立新会员卡表，包含卡种类、发行方式、发行量、开始号码、价值等数据项；建立新会员卡号表，定义各种类型会员卡的详细卡号；建立会员消费明细表，定义消费卡号、消费开始及结束时间等字段；建立卡名称、卡类型、国籍等数据字典表。

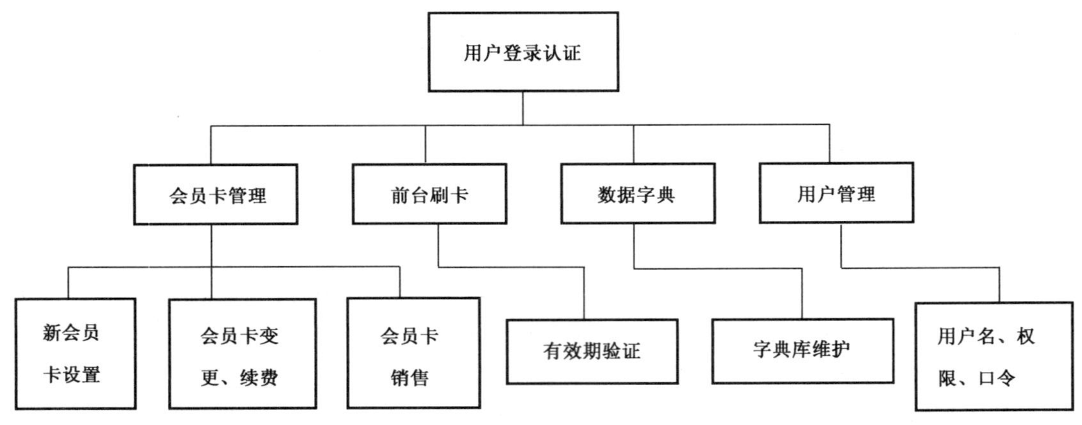

图 2-6-17　会员电子信息系统功能框图

9. 全民健身活动中心内宜有数量与接待能力相适应的会员贵重物品存放柜。同时，建议在贵重物品存放柜周围装设监控探头。

10. 全民健身活动中心应有为残障人员提供便利的服务设备，如轮椅、助行器等。

【标准条文】

6.4.2　更衣室

6.4.2.1　应有男女分设的更衣室，地面应使用防滑材料。

6.4.2.2　室内通风应良好，地面及所有设施应清洁、无污渍，并配有废物箱。

> 6.4.2.3 应有休息座椅(或条凳)、镜子,如镜面超过1/2墙面大小,边缘应有防护材料包裹。
>
> 6.4.2.4 应有更衣柜,宜为隔层式,结构牢固,整洁卫生;更衣柜数量与接待能力相匹配,应按高峰期同时接待人数2/3的数量配备。
>
> 6.4.2.5 当更衣室与卫生间或淋浴间相互连通时,应标明功能分区和客流指向。
>
> 6.4.2.6 应免费提供或租赁提供锁闭更衣柜的设备。
>
> 6.4.2.7 应有垃圾桶。

【条文释义】

1. 为了满足健身群众的体育活动需要,全民健身活动中心必须要设置更衣室。更衣室要男女分设,地面必须使用防滑瓷砖或铺设防滑垫。
2. 运动健身时人体会消耗大量体能,需要呼吸大量新鲜空气,并同时排出大量二氧化碳,若不能进行良好的通风排气会导致废气在有限空间里不断循环,这对于运动健身者健康有所损害。同时,人体剧烈运动时体表的汗液和微生物也相应增多,此时如果空气交换不充分,空气中的细菌、病毒、病原体和二氧化碳堆积,容易诱发咽喉炎、气管炎等呼吸系统疾病。所以更衣室具备良好的排风换气功能至关重要。为达到除菌、防滑、干净整洁的目的,更衣室应该定时清洁,尤其要进行地面与使用设施的擦拭消毒。更衣室需配置废物箱或垃圾桶,并及时进行清理,方便健身群众使用。
3. 为满足健身群众的休息和整理衣物的需求,更衣室内应设置座椅与镜子。为防止镜子破碎造成人员伤害,镜子边缘应包裹防护材料(见图2-6-18)。

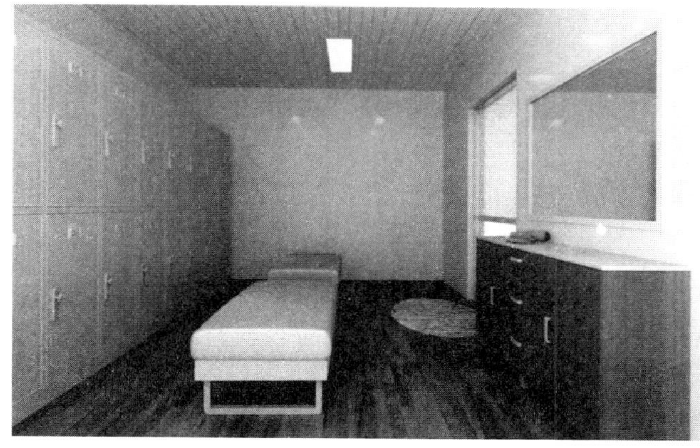

图 2-6-18 更衣室

4. 如果更衣室连接其他不同的功能房,应有指示牌或指示标志提示。
5. 为保证健身群众财物安全,更衣柜应带有锁具。更衣柜钥匙应放置在接待处,接待员应做好锁具登记管理,在健身群众办理健身登记手续后由接待工作人员提供,健身结束之后归还给接待工作人员。在健身高峰时段,接待工作人员可根据健身群众的同行人数,合理分配和提供更衣柜数量。

【标准条文】

6.4.3 卫生间

6.4.3.1 应有男女分设的公共卫生间，布局合理，方便使用。

6.4.3.2 应配有洗手池、梳妆镜、洗手液、擦手纸巾或自动干手器，宜配有感应式或延时自闭水嘴。

6.4.3.3 应空气流通、光线充足、地面铺设防滑地砖，应使用防臭、防蛆、防蝇等设施设备。

6.4.3.4 应充分考虑老年人、幼儿、残障人士的专业设施配置。

6.4.3.5 应有垃圾桶。

【条文释义】

1. 若全民健身活动中心为多层建筑，则每层都应该设置公共卫生间。厕所厕位设计指标可参照 JGJ 31—2003《体育建筑设计规范》执行，见表 2-6-9。

表 2-6-9 厕所厕位指标

指 标	男 厕			女 厕
	大便器 个/1 000 人	小便器 个/1 000 人	小便槽 m/1 000 人	大便器 个/1 000 人
指标	8	20	12	30
备注		二者取一		
注：男女比例 1∶1。				

2. 卫生间建议使用感应式或延时自闭水嘴，水嘴要求及用水量可参照 CJ/T 164—2014《节水型生活用水器具》。
3. 为满足卫生间干净、整洁、卫生的需要，需要采取防蚊虫、防细菌、防滑、防摔、防刺激性气味的清洁措施。
4. 每个卫生间应至少有一个儿童卫生设施和一个无障碍卫生设施。
5. 每个卫生间都必须至少设有一个体积较大的垃圾桶。每个大便池都必须设置废纸篓。

【标准条文】

6.4.4 淋浴室

6.4.4.1 应有男女分设的淋浴室。

6.4.4.2 地面应铺设防滑材料，地面湿润状态下的静摩擦系数应不小于 0.5。

6.4.4.3 应有良好的无明显噪音的排风系统，整洁卫生。

6.4.4.4 淋浴喷头数量应与接待能力相适应，淋浴喷头数量宜不低于高峰运营时段健身人次的 10%。

6.4.4.5 淋浴喷头应有冷热水标识。

6.4.4.6 开放时间内应持续供应冷热水。

6.4.4.7 应有洗浴用品搁物架(台),宜考虑到不同人群在使用淋浴喷头等方面的要求,合理设置上述设备的位置和数量。

6.4.4.8 应安装节水设施,并符合 CJ/T 164 的规定。

6.4.4.9 宜提供淋浴分区隔挡。

【条文释义】

1. 全民健身活动中心若有淋浴室,应分别设有男女浴室。如果男女浴室相邻,应使用不透明墙体分隔开。
2. 国际上一般将静摩擦系数 0.5 作为区分地面防滑安全性的临界值,我国行业标准 JC/T 1050—2007《地面石材防滑性能等级划分及试验方法》也将摩擦系数 0.5 作为地面安全与否的临界值,国家标准 GB/T 22517.2—2008《体育场地使用要求及检验方法 第 2 部分:游泳场地》同样规定了"有水时地面静摩擦系数应不小于 0.5",故本标准给出了静摩擦系数应不小于 0.5 的要求。
3. 排风系统的设置是为了防止由于浴室通风不畅导致细菌增生,危害健身群众的健康。
4. 淋浴手柄上应有明显的冷、热水提示标志。如果未设置这一标志,按照使用习惯使用者通常会打开开关试验冷热水出水方位,既对使用者造成不便,又浪费水资源。
5. 为方便健身活动人员,淋浴室必须在全民健身活动中心开放时间内持续提供冷水与热水。
6. 男女浴室搁物架高度可设置不同高度,考虑到使用者实际需求,不宜设置过高,男浴室为 1.4 m~1.5 m,女浴室为 1.3 m~1.4 m 即可。
7. 淋浴室花洒尺寸、用水流量、喷洒角度、喷洒均匀度等设置建议参照 CJ/T 164—2014《节水型生活用水器具》的规定。流量均匀性试验、温降度试验、喷射角度试验、喷洒均匀度试验应按 GB/T 23447—2009《卫生洁具 淋浴用花洒》的规定执行。通常要求如下:

   (1) 花洒。固定花洒的几何尺寸最宽处宜不大于 200 mm。

   (2) 淋浴器流量均匀性应不大于 0.33 L/s。

   淋浴器流量见表 2-6-10。

表 2-6-10 淋浴器流量

流量等级	Ⅰ级	Ⅱ级
流量 Q/(L/s)	$Q \leqslant 0.08$	$0.08 < Q \leqslant 0.12$

   (3) 温降度。温降度不应大于 3 ℃。

   (4) 喷射角度。淋浴器平均喷射角度应为 0°~8°。

   (5) 喷洒均匀度。在直径 120 mm 的范围内,接受的水量不应大于总水量的 70%,且不小于 40%;在直径 420 mm 的范围内,接受的水量不应小于总水量的 95%。

8. 在条件允许的情况下,建议在淋浴室内设置隔挡,将每个喷淋装置分开。隔挡形式不限,如浴帘、不锈钢、铝合金、钢化玻璃等均可。

【标准条文】

> **6.4.5 场所导引图和标识牌**
>
> 6.4.5.1 中心出入口处应设场所引导图或相应标识牌。
>
> 6.4.5.2 各功能区、建筑物、内部道路、运动场地的明显位置处设置向导牌、警示牌等。
>
> 6.4.5.3 应通过标识说明运动场地面层保护的使用注意事项。

【条文释义】

1. 导引图和标识牌应清晰标注各类设施所在地。各类公共信息图形符号标志应符合 GB/T 10001.1—2012《公共信息图形符号 第1部分：通用符号》、GB/T 10001.2—2006《标志用公共信息图形符号 第2部分：旅游休闲符号》、GB/T 10001.4—2009《标志用公共信息图形符号 第4部分：运动健身符号》的要求，且标志应清晰、实用、美观。
2. 需设置内部向导牌的位置主要有楼梯口、分叉口等位置。每个导向牌建议设置卫生间导向。警示牌应放置在配电室、电气设备用房等可能会对造成人身意外伤害的位置。警示牌应该颜色鲜明且与周围颜色形成对比。
3. 场地面层保护的注意事项建议放置在场地入口附近。

【标准条文】

> **6.4.6 器材储藏室**
>
> 器材储藏室应分区合理，器材分类清晰易取。

【条文释义】

全民健身活动中心应当根据实际需要，建立相应的器材储藏室管理制度，管理制度内容可包含但不限于以下几个方面。

(1) 体育器材存放室应符合公安、消防安全规定。

(2) 体育器材室不得存放无关物品。要做好防盗、防潮、防火等安全措施。

(3) 体育器材室要配备专职或兼职管理人员，管理人员负责体育器材的日常配备、管理等工作。

(4) 体育器材要定位存放，布局合理规范，整齐清洁。每个器材建议划分固定的放置区域，同种类型的器材相邻摆放。器材建议贴有不同颜色使用标志，区分器材是否属于可用状态。

(5) 体育器材的使用必须办理登记手续，注明体育器材名称、数量、使用、归还情况。如有损坏、遗失，要分清管理和使用责任，按有关规定及时处理。

(6) 体育器材管理人员应经常检查体育器材的使用情况，每周记录检查情况，出现故障，及时报告全民健身活动中心负责人，如有损坏要及时补充。体育器材管理员定期做好器材保养和维修工作，特别是运动风险较大的室内健身器材更应重视。若器材存在不安全因素，应立即停止使用，并迅速维修。若经维修仍不能正常使

用，按有关规定报损，保证常用器材设施完好无损。

(7) 管理人员应经常整理器材，保证器材室整洁干净。

(8) 器材室管理人员应做好安全防范工作，提高防火防盗意识，及时关闭室内电源开关和门窗。

(9) 器材储藏室应禁止健身群众和非管理人员进入。

【标准条文】

6.4.7 安保室

安保室应配置安保人员常用的安保设备和夜间巡查所需的各类设备器材，如对讲机、手电筒等。

【条文释义】

安保人员要对全民健身活动中心的供电设施、供水设施、消防设施、防盗设施、安防设施、智能化设施及其他重要设施进行巡防和布控，负责场馆安全保卫，负责体育场能源管理等事项，做到及时发现安全隐患，及时排险，及时上报领导，确保场馆内无安全隐患。小型全民健身活动中心建议至少同时在岗两名安保人员，中、大型全民健身活动中心根据实际需要，建议至少设置双岗值班，以应对处置各种突发事件。

【标准条文】

6.4.8 体质测试室

6.4.8.1 可配置面积不小于 30 m^2 的体质测试室。

6.4.8.2 应至少包括测试身高、体重、体脂率、血压等参数在内的体测设备。

6.4.8.3 体测室可考虑引入具备提供远程信息化数据管理功能的服务平台，为健身人群体能特征收集、运动处方制定、远程教学指导等服务提供技术支持。

【条文释义】

体质测试室是了解健身群众体质状况、采集健身人群体质健康数据、提供科学健身指导的测试场所，国家体育总局 2003 年发布的《国民体质测定标准手册》中规定了形态、机能、素质三类成年人测试指标，参见表 2-6-11。

表 2-6-11 测试指标

类别	测试指标	
	20 岁～39 岁	40 岁～59 岁
形态	身高、体重	身高、体重
机能	肺活量、台阶试验	肺活量、台阶试验
素质	握力	握力
	俯卧撑(男)	—

续表 2-6-11

类别	测试指标	
	20 岁～39 岁	40 岁～59 岁
素质	1 min 仰卧起坐(女)	—
	纵跳(爆发力)	—
	坐位体前屈(柔韧性)	坐位体前屈(柔韧性)
	选择反应时	选择反应时
	闭眼单脚站立(平衡性)	闭眼单脚站立(平衡性)

按照表 2-6-11，体质测试室内应配备相应测试仪器，主要包括身高体重测试仪、肺活量测试仪、握力测试仪、俯卧撑测试仪、仰卧起坐测试仪、坐位体前屈测试仪、闭眼单脚站立测试仪、反应时测试仪、血压测试仪等。

全民健身活动中心宜建立健身群众体质测试电子档案，将体能测试人员体能特征数据传输至服务平台保存，且告知其测试指标评定结果，方便健身群众对自己的身体机能和下一步科学健身措施进行了解掌握。

【标准条文】

6.4.9 语音广播设施设备

应设有覆盖全部场所和地区的语音广播设施设备。

6.4.10 垃圾回收设备

应使用标注有垃圾分类标志的带盖垃圾箱，应有专人及时清理，保持环境清洁。

6.4.11 无障碍设施

无障碍设施应符合 GB 50763 的要求。

【条文释义】

1. 语音广播系统应覆盖全民健身活动中心的全部区域，且具备中英文双语播报功能，以便所有人都能准确听到且听懂广播信息。
2. 使用带盖垃圾箱主要是为了防止垃圾气味外泄。垃圾应当由专人及时清理，防止垃圾箱装满导致垃圾遗落到垃圾箱外。
3. GB 50763—2012《无障碍设计规范》规定，体育建筑进行无障碍设计的范围应包括作为体育比赛(训练)、体育教学、体育休闲的体育场馆和场地设施等。因此，全民健身活动中心应当属于丙类体育建筑，在无障碍设计规范的范畴之内。体育建筑的无障碍设施设计的具体要求为：
   (1) 特级、甲级场馆基地内应设置不少于停车数量的 2%、且不少于 2 个的无障碍机动车停车位，乙级、丙级场馆基地内应设置不少于 2 个无障碍机动车停车位；
   (2) 建筑物的观众、运动员及贵宾出入口应至少各设 1 处无障碍出入口，其他功能分区的出入口可根据需要设置无障碍出入口；

(3) 建筑的检票口及无障碍出入口到各种无障碍设施的室内走道应为无障碍通道，通道长度大于60 m时宜设休息区，休息区应避开行走路线；

(4) 大厅、休息厅、贵宾休息室、疏散大厅等主要人员聚集场宜设放置轮椅的无障碍休息区；

(5) 供观众使用的楼梯应为无障碍楼梯；

(6) 特级、甲级场馆内各类观众看台区、主席台、贵宾区内如设置电梯应至少各设置1部无障碍电梯，乙级、丙级场馆内坐席区设有电梯时，至少应设置1部无障碍电梯，并应满足赛事和观众的需要；

(7) 特级、甲级场馆每处观众区和运动员区使用的男、女公共厕所均应满足GB 50763—2012《无障碍设计规范》第3.9.1条的有关规定或在每处男、女公共厕所附近设置1个无障碍厕所，且场馆内至少应设置1个无障碍厕所，主席台休息区、贵宾休息区应至少各设置1个无障碍厕所；乙级、丙级场馆的观众区和运动员区各至少有1处男、女公共厕所应满足GB 50763—2012《无障碍设计规范》第3.9.1条的有关规定或各在男、女公共厕所附近设置1个无障碍厕所；

(8) 公共浴室的无障碍设计均应满足GB 50763—2012《无障碍设计规范》第3.10节的有关规定；

(9) 场馆内各类观众看台的坐席区都应设置轮椅席位，并在轮椅席位旁或邻近的坐席处，设置1∶1的陪护席位，轮椅席位数不应少于观众席位总数的0.2%。

七、检验评价方法

【标准条文】

> **7　检验评价方法**
>
> **7.1　配置要求**
>
> 对照第5章要求进行现场观察和实地测量，并形成相关检验评价记录。

【条文释义】

第5章给出的配置要求是各类全民健身活动中心基本开放条件的检验项目。检验评价应当形成记录。

【标准条文】

> **7.2　开放与使用要求**
>
> 对照第6章要求进行现场询问、观察和实地检验。结合GB/T 19995、GB/T 20033、GB/T 22517给出的检测方法对运动面层使用要求进行检验。

【条文释义】

GB/T 19995(所有部分)《天然材料体育场地使用要求及检验方法》、GB/T 20033(所有部分)《人工材料体育场地使用要求及检验方法》、GB/T 22517(所有部分)《体育场地使用要求及检验方法》分别给出了运动项目场地使用性能的具体要求和检验方法。可依据 GB/T 19995、GB/T 20033、GB/T 22517 标准委托第三方合格评定机构进行检验检测。

第 三 章

标准实施的问题与思考

一、如何根据当地实际情况确定新建全民健身活动中心的建设规模

1. 根据全民健身活动中心所在地人口密集度、人口总数、健身人口占比以及人均可支配收入水平

2015 年 11 月 16 日，在国家体育总局网站发布的《2014 年全民健身活动状况调查公报》中显示，20 岁及以上人群中，39.9%的人有过体育消费，全年人均消费 926 元，体育消费占比接近 2%。

（1）根据人口总数及密集度划分

① 大型城市（80 万人以上）：其场地规模需要建设健身、休闲、娱乐、服务为一体的现代化体育中心，其中体育场 30 000 以上座位，体育馆 4 000 以上座位，游泳馆 2 000 以上座位；

② 中型城市（50 万人以上）：其场地规模需要建设健身、休闲、娱乐、服务为一体的现代化体育中心，其中体育场 20 000 以上座位，体育馆 3 000 以上座位，游泳馆 2 000 以上座位；

③ 小型城市（20 万人左右）：其场地规模需要建设健身、休闲、娱乐、服务为一体的现代化体育中心，设置综合经济类普及性较强的竞技项目。

（2）根据人均可支配收入水平划分

① 当地人均可支配收入达到 20 000 元/年以上的区域，需有大型全民健身活动中心满足当地群众多样化健身需求；

② 当地人均可支配收入达到 10 000 元/年～15 000 元/年以上，需有中型全民健身活动中心保障当地群众全民健身需求；

③ 当地人均可支配收入不足 10 000 元/年，可建设小型全民健身活动中心保障基本健身需求。

2. 根据拟建的项目城市功能定位和主要功能业务范畴

首先确定新建全民健身活动中心在所在城市的功能定位和主要功能业务范畴。全民健身活动中心总体定位理念应是建设满足全民健身需求，全民健身活动中心是以体育健身为主题的公共服务体育文化休闲中心。围绕这个定位确定全民健身活动中心其他功能性的配套设置，达到功能配置和健身内容相统一，从而确定建设规模体量。若需要承担所在城市或所在区域的部分大型群众性赛事活动，可考虑建设大型或中型全民健身活动中心。

3. 根据全民健身活动中心所在城市规划用地规模

在城市整体发展的同时，本着不断完善城市结构规划设计的原则，体育设施规划用地规模的大小也影响着全民健身活动中心的建设规模。遵循全民健身活动中心建设的高度集约化模式，结合社区、商业、学校等配套公共资源的利用，有针对性地进行选址和建设。根据选址用地的规模来适时调整场馆的规模。全民健身活动中心的用地应当纳入所在城市土地利用总体规划和城市建设控制性详细规划的范畴，进而合理规划全民健身活动中心

的建设规模。

二、全民健身活动中心规划选址中应重点考虑哪些原则

1. 交通设施便利

市政路网规划完善、公共交通发达、停车位配套齐全。

2. 区位合理布局

① 周围 5 km 范围内不得有工矿企业、重要仓库及军事设施等建筑,无架空穿过场区的高压输电线;

② 全民健身活动中心远离易燃易爆场所,无污染腐蚀性气体源;

③ 全民健身活动中心选址附近无风景名胜、文物古迹及古树名木和需进行保护的成片森林;

④ 全民健身活动中心周边环境条件良好。

3. 基础设施齐备

城市供电干线、自来水供水管道、光纤网络、通信电缆等公共配套设施由供电、供水、供气、电信等部门按市政府的要求,将管、线敷设至项目旁,使项目具备良好的公共设施条件。

4. 地质资源稳定

根据地勘资料,全民健身活动中心建设区域具有良好的工程地质和水文地质条件,地下水对钢筋混凝土不具侵蚀性,且无断层、滑坡、泥石流等不良地质状况。

5. 使用人群基础

全民健身活动中心建设区域需要覆盖一定的人口和健身群体,具备潜在的使用需求和市场开发空间。

三、哪些体育项目深受群众喜爱且更适合在大空间健身用房配置

游泳、足球、篮球、羽毛球、排球、网球、乒乓球、壁球、台球、攀岩、舞蹈、瑜伽、拳击、跆拳道、击剑、轮滑、器械健身等项目广泛受到群众喜爱。其中,深受群众喜爱,且更适合在大空间健身用房配置的项目如下。

1. 室外大空间项目

足球、网球、篮球等。

2. 室内大空间项目

游泳、篮球、网球、羽毛球、排球、轮滑、攀岩等。

四、哪些体育项目深受群众喜爱,且更适合在小空间健身用房配置

深受群众喜爱,且更适合在小空间健身用房配置的项目如下:

乒乓球、壁球、台球、体育舞蹈、瑜伽、拳击、散打、跆拳道、击剑、健身大厅(含有氧健身器械、固定训练器械和自由力量器械等)等。

五、近年来有哪些新兴休闲体育项目深受群众喜爱,可引入全民健身活动中心

近年来,一些新兴体育休闲项目不断从国外引进我国,深受群众喜爱,适合在全民健身活动中心配置的项目如下:

攻防剪、越野轮滑、漂移车、模拟飞行器、模拟赛车、风洞、儿童平衡车、模拟滑雪器、泡泡足球、地毯式桌球等。

六、如何在大空间健身用房中达到有限空间发挥最大功效的布局设计

全民健身场馆前期规划设计时,就需要考虑功能区间的合理规划,因为合理的规划可以在有限的空间内尽可能地设置多种运动功能区间,既节约了前期建设成本和后期运营费用,又能满足多功能的使用需求,因此合理的空间规划对后期的实际有效利用起到至关重要的作用。

针对大空间健身用房中常见配置的篮球场地、羽毛球场地、乒乓球场地,可提供以下几种组合的配置方案建议,以达到最有效的空间利用。

方案一:“一场三功”

也就是同一块场地,三种功能划线共同使用,此种方案适用于场地使用非常紧张的条件下。因为日常使用中篮球场单场占地面积大,但单次使用人数低,而同样面积的场地,可以设置多片羽毛球场或乒乓球场供多组使用,因此建议在日常使用时,场地规划为羽毛球场及乒乓球场功能使用,遇有比赛等活动时,可在场地上设置相应的篮球、羽毛球或乒乓球器械。

方案二:“一挑空一夹层”

此方案适用于空间相对紧张的条件下。因为篮球场地及羽毛球场地对空间高度有一定的要求,场地正上方需要至少 7 m～9 m 的挑空,因此可以考虑一楼场地日常作为羽毛球场地使用,遇比赛则设置相应的篮球、羽毛球或乒乓球器械。而除中央挑空外,可在外围设置二层作为夹层,并充分利用夹层作为乒乓球或其他功能用房,这样既可满足篮球、羽毛球对层高的要求,又可充分利用四周空间,增加运动功能区的使用。

方案三:“二挑空二夹层”

此方案适用于场地空间和面积相对宽裕的条件,一层作为篮球场地,挑空 7 m 以上,并设一夹层;二层作为羽毛球场地,挑空 9 m 以上,并设二层夹层。如此,可满足篮球场地及羽毛球场地日常正常使用,并于夹层处设置乒乓球或其他体育项目,使得空间充分使用。

七、基础健身区应当如何配置有氧器械、固定训练器械和自由力量器械

在全民健身活动中心区域划分中,配置基础健身区是必要的。随着经济社会的发展,体适能的概念越来越受到健身人群的关注和重视,体适能是指能够有效并高效率操作的肌体能力,通常分为健康体适能和运动体适能,其中健康体适能特指身体适应外界环境的能力,健康体适能对人们的日常生活尤为重要,健身的目的也是不断提高健身者的健康体适能。

通常，人体健康体适能分为五个方面：(1)心肺功能；(2)肌肉力量与耐力；(3)柔韧性；(4)体脂比；(5)协调性与平衡能力。

因此，基础健身区应能提供训练以上人体健康体适能的健身项目器材。

锻炼心肺功能(心血管耐力)的器材有电动跑步机、健身车、椭圆机、登山器等；

锻炼肌肉力量与耐力的器材有单功能(或多功能)力量型器材，如坐式推举训练器、坐姿夹胸训练器、坐式腿伸展训练器、坐式腿内收/外展训练器、腹肌训练器等，自由力量型器材，如卧推架、杠铃、哑铃、配套椅凳等，综合性器材，如五人站位训练器材、360°多功能训练器材等；

锻炼柔韧性与平衡性、协调性能力的器材，如瑜伽练习器材、平衡球、拉伸器、踏板等。

一般来讲，有氧器材配置数量要能满足当次锻炼人数60%以上，力量型及自由型器材能满足40%左右当次锻炼人数，很多拉伸、平衡器材与操房相配套配置。

八、基础健身区、集体操房、单车教室如何合理配置面积大小

据研究表明，人均室内运动面积一般应不小于4 m^2，集体操房、单车教室等集中性健身的单元，还必须考虑新空气通风量，人均40 m^3/h，因此，配置面积不宜过大，考虑到教学的便捷性，活动人数控制在30人～50人左右为宜，配置面积要求推荐如下。

1. 体适能检测中心

体适能检测室配有技术先进、功能齐全的体适能检测设备，并由经验丰富的健身顾问和资深教练为健身群众提供一份详细的检测报告，针对检测报告为健身群众提供个人专用的健身计划，增强会员健身信心。

由于在做检测时噪声影响检测结果，因此体适能应设置于较为安静的位置，远离动感单车房、有氧教室等可产生较大噪声的区域，面积至少在50 m^2 左右。

2. 有氧器械训练区

有氧运动的全名是有氧代谢运动。有氧运动是通过一定量的全身运动，增加氧的吸收量，全面提高人的机能进而改善人的身体素质的一种训练方法。长时间的有氧运动可以消耗大量的脂肪，从而可以达到减肥的目的。

该区域以增强人体的心肺功能、消耗脂肪为目的，主要由电子智能有氧器械组成，包括大型健身房专用电动跑步机、磁控车(立式、卧式)、椭圆机等，操作安全简单。

有氧器械训练区应首先考虑安排在全民健身活动中心观光最好的位置，比如，紧邻有邻街的落地窗户处，可以使健身群众在运动中不会感到枯燥，并达到良好的宣传效果；其次考虑安排在进入健身中心后的第一区域。以2 000 m^2 完全用于室内基础健身为例，有氧区域面积大约在300 m^2。

3. 无氧器械训练区

该区域主要以器械健身——无氧训练为主。人体在无氧阶段状态下进行的运动一般都是大功率的运动，这时的骨骼肌收缩力量较大，因而人们习惯于将无氧训练称为力量训练，将这一类健身器械称为力量器械。

此区域又可以细化为三类功能区：力量训练区、自由力量训练区和伸展及腰腹训练区。

(1) 力量训练区

该区域主要功能是塑身、减肥、健美。器械摆放的顺序将按照上肢、下肢不同训练部位的划分来摆放。

该区域地面建议铺设具有防滑、减震功能的材料，可开辟出一个休息区为健身群众在健身的空隙时间稍做休息。

力量训练区应紧邻有氧训练区，以 2 000 m^2 完全用于室内基础健身为例，该区域面积大约在 300 m^2。

(2) 自由力量训练区

自由力量训练区器械不固定，相对力量训练区器械较难掌握，自由力量区应紧邻力量训练区，且设置在角落、能有较多镜面的位置，以 2 000 m^2 完全用于室内基础健身为例，该区域面积大约为 100 m^2。

(3) 伸展及腰腹训练区

该区域器械符合人体工学设计原理，用于训练前后的拉伸，保护肌肉和关节，并可放松肌肉，是训练腰腹的最佳区域，主要放置拉筋机、仰卧板、双杠等，一般为角落空间，通常设置在有氧教室外面或自由力量区旁，以 2 000 m^2 完全用于室内基础健身为例，该区域面积大约为 80 m^2。

4. 有氧跳操室

健康街舞、有氧搏击、有氧芭蕾、有氧拉丁、踏板操、健身球等十余种课程都是在有氧教室里进行的，因此有氧教室应配置：健身球、踏板、健身垫、哑铃等器械，用以满足不同课程的需要。

由于有氧教室为封闭性区域，且是按时使用，因此宜设置在全民健身活动中心内部角落位置，有条件的话尽量减少空间内柱子的数量。以 2 000 m^2 完全用于室内基础健身为例，有氧跳操室面积应至少在 200 m^2。

5. 瑜珈房

瑜珈是目前流行并深受健身群众喜爱的一种运动，瑜珈需要在宁静的心境下，让身体舒缓的伸展。瑜珈练习对一个人的肌肉系统、精神系统、内分泌系统、消化系统都非常有益。

目前有条件的全民健身活动中心均设置独立的瑜珈房，为避免噪声干扰，瑜珈房应远离有氧教室及动感单车房。以 2 000 m^2 完全用于室内基础健身为例，瑜伽房面积大约在 100 m^2。

6. 动感单车房

动感单车属于有氧健身操的一种，是受到广大健身群众强烈喜爱的健身项目，能够增强心肺功能，燃烧全身脂肪，实现健身、塑身的愿望。

为避免噪声干扰，动感单车房应远离体适能检测中心；动感单车作为具有良好宣传效果的健身项目，最好设置在临近窗户，户外可以看到的区域。以 2 000 m^2 完全用于室内基础健身为例，动感单车房面积大约在 100 m^2。

九、如何为不同年龄段健身者配置运动场地和设施设备

一般来讲，年龄段不同，选择的体育运动项目也要有所不同和侧重。

10岁以下儿童是发展身体基础能力的时期，在各种运动练习中强度不要太大，但要保证运动种类的多样化，力争打下良好的身体素质基础，可以进行踢足球、打羽毛球、乒乓球、游泳等运动，在全民健身活动中心中宜为他们配置羽毛球、乒乓球或游泳场地。

10岁～20岁的少年时期是人一生中的黄金时代，骨骼较为坚硬，能承受用力较大的动作。适合进行篮球、足球等对抗性较强的体育运动，在全民健身活动中心中宜为他们配置室内、室外篮球或足球场地。

20岁～30岁的人应该建立良好的运动习惯，因此可以尝试高频率、中高强度的运动，比较适合高强度的有氧运动，如跑步、拳击和各种对抗性强的球类运动，在全民健身活动中心他们可以使用跑步机、动感单车等健身器材进行锻炼。

30岁～40岁左右，可以通过爬楼梯、网球、游泳等强化全身肌肉，并加入一定的力量训练和柔韧性训练，让自己的肌肉线条更好看。而要想有充盈的活力和体力，需要拟定一个规律而系统的健身计划，并严格按照计划来执行。在全民健身活动中心中可以为这个年龄段的人配置网球场地、游泳场地、瑜伽房等设施。

50岁左右，体力和精气神都会有不同程度的下降，此时适合打高尔夫球、羽毛球等较温和的运动。这个阶段重要的是要锻炼身体的柔韧性和平衡性，对抗各种慢性疾病的发生。

60岁以上已经步入老年范畴，此时不适宜进行有身体对抗或是过于激烈的运动，可以尝试广场舞、太极拳等比较修身养性的体育活动。

十、科学健身指导区(体质测试室)应提供哪些硬件设施和软件服务

1. 硬件设施

(1) 形态测试设备：人体成分分析仪、电子身高测试仪、电子体重测试仪。

(2) 体态测试设备：身体静态评估设施、身体动态评估设施。

(3) 身体机能测试设备：电子肺活量测试仪、电子台阶测试仪、电子血压测试仪、电子心率测试仪、骨密度测试仪。

(4) 身体素质测试设备：电子握力计、电子纵跳计、电子坐位体前屈、电子闭眼单脚站立、电子俯卧撑测试仪、1 min 仰卧起坐测试仪、反应时测试仪、背力测试仪。

(5) 其他硬件设施：桌椅、诊疗床、跳箱、电脑、打印机、投影设备等多媒体播放设备。

2. 软件设施

(1) 全民健身活动中心远程信息化数据管理平台

平台功能：体态测试软件、个人运动数据实时统计与分析软件、健身人群体能特征收集软件、运动处方制定软件、远程科学健身教学指导软件等。

(2) 全民健身活动中心个人数据软件(电脑端、手机端)

数据软件功能：方便测试人员实时检测自己的运动数据与体测数据。

(3) 针对健身指导、康复指导、评测指导等有助于健身人员学习的教学视频。

(4) 体质测试结果分析报告及运动处方的开具或运动建议的报告。

十一、设施和器材上必备的使用提示信息应包括哪些内容

提示信息内容应包括但不限于以下内容：

（1）在使用每一种器材、设备之前，请先阅读使用说明和安全注意事项，请参照使用说明正确使用各种器材。

（2）在使用器材前，请您仔细检查器材及设备安全情况，确定无安全隐患后再进行使用，如发现器材及设备异常或有安全隐患，请立即联系现场工作人员。

（3）儿童、老年人请选择适宜自己运动、锻炼的器材和设施。

（4）高血压、心脏病以及其他疾病患者和残疾人请在医生建议和指导下使用器材，如在使用过程中如感觉不适，请立即停止使用，您身体健康恢复后，再进行锻炼，如仍感觉不适，请立即求助现场工作人员。

（5）所有器材、设施上应有简易的使用规范，方便群众正确地使用器材和设施。

（6）在器材、设施上易发生危险的部位应张贴颜色明显的警示标志。

（7）请在运动、锻炼前进行合理的热身与拉伸，避免运动损伤的发生。

（8）根据自己身体实际情况，文明使用器材、设备、场地须知，在使用器材过程中，其他人应保持安全距离，请勿在器材周围进行玩耍打闹，请勿大声喧哗，以免影响他人。

（9）请根据不同的器材、设备选择适宜的运动服、运动鞋进行运动和锻炼。

十二、经营高危险性体育健身项目是否应当进行行政许可

根据《全民健身条例》第三十二条规定：企业、个体工商户经营高危险性体育项目的，应当符合下列条件，并向县级以上地方人民政府体育主管部门提出申请：

（1）相关体育设施符合国家标准；

（2）具有达到规定数量的取得国家职业资格证书的社会体育指导人员和救助人员；

（3）具有相应的安全保障制度和措施。

县级以上人民政府体育主管部门应当自收到申请之日起30日内进行实地核查，做出批准或者不予批准的决定。批准的，应当发给许可证；不予批准的，应当书面通知申请人并说明理由。

国务院体育主管部门应当会同有关部门制定、调整高危险性体育项目目录，经国务院批准后予以公布。

因此，全民健身活动中心在开设高危险性体育项目时，应当进行行政许可。行政许可应向所在地县级体育行政主管部门申请。

2013年2月21日，国家体育总局第17号令公布了《经营高危险性体育项目许可管理办法》，依据《全民健身条例》，并在该条例的基础上，细化了经营高危险性体育项目的申请条件和审批程序，明确了各级体育主管部门加强高危险性体育项目经营活动管理、保护高危险性体育项目经营活动参与者合法权益的责任，规范了高危险性体育项目经营活动中各方主体的权利和义务。

2013年5月1日，国家体育总局、人力资源和社会保障部、国家工商总局、原国家质检总局、国家安全生产监督管理总局联合发布《第一批高危险性体育项目目录公告》，项目包

括"游泳""高山滑雪""自由式滑雪""单板滑雪""潜水"和"攀岩"。

十三、什么是社区全民健身活动中心

社区全民健身活动中心是指于街道、社区、居住区区域范围内新建、改建以及扩建的以室内为主、不设固定看台的，专用于开展体育健身活动，向公众提供公共服务的综合性体育设施。

在社区全民健身活动中心建设中，鼓励合理利用各种土地资源，与文化、卫生等社区配套设施统筹考虑。新建、改建和扩建的社区全民健身活动中心规模，应以居住区规划设计人口数量为基本依据，兼顾人口密度、经济、地理、交通和服务半径等因素合理确定。不同社区全民健身活动中心的建设，可根据规划预留用地的空间大小、服务半径的预期规划以及经济投入规模，选择参照 GB/T 34281—2017《全民健身活动中心分类配置要求》中三类不同规模进行建设。

十四、社区全民健身活动中心规模是否必须是本标准中小规模的吗

社区全民健身活动中心之所以称其为"社区"，其本质内涵是服务一定居住区范围内(生活圈范围内)的居住人口。"不一定社区的健身中心就一定是标准当中小规模的"。例如，在规划用地和经济投入允许的条件下，建设符合 GB/T 34281—2017 中大型全民健身中心的项目，其建筑面积虽然相对其他两类较大，但根据体育锻炼的特点，其服务半径亦不可能超过 15 min 生活圈(即 GB 50180《城市居住区规划设计标准》中提及的 15 min 生活圈对应步行出行的 800 m～1 000 m 空间活动范围。其可服务周边社区居住人口规模约为 50 000 人～100 000 人、17 000 套～32 000 套住宅范围内的人口)。对于周边 15 min 生活圈内的居民来讲，这个大型全民健身活动中心亦是其生活圈范围内的社区健身场所。

十五、社区全民健身活动中心的用地选择可以有哪些

GB 50180—2018《城市居住区规划设计标准》的指标说明中指出，该标准与 GB 50137—2011《城市用地分类与规划建设用地标准》对应，居住区 15 min 生活圈、10 min 生活圈配套的设施(如全民健身活动中心)属于城市公共管理与公共服务设施用地(A 类用地)、商业服务业设施用地(B 类用地)和公用设施用地(U 类用地)，因此，配套在 15 min 生活圈、10 min 生活圈的大型全民健身中心可考虑使用城市公共管理与公共服务设施用地中的体育用地进行建设。配套在 5 min 生活圈以及居住街坊的健身设施一般使用居住用地当中的服务设施用地进行建设。

十六、社区全民健身活动中心选址有哪些要求

(1) 应选在交通便利、环境优美、适合开展群众活动的地区；尽量避免或减少对医院、学校、幼儿园、住宅区等需要安静环境建筑的影响。

(2) 应具备良好的工程地质及水文地质条件；市政配套设施条件良好。

(3) 二类及以上社区全民健身活动中心宜独立建设。三类社区全民健身设施宜与其他公共服务设施合建。与其他公共服务设施合建时，必须满足其使用功能和环境要求，并

尽可能自成一区，单独设置出入口。

(4) 社区全民健身设施改建、扩建项目，应充分利用原有场地和设施，减少新增用地；因条件所限无法扩建确需异地新建的，应保留原场所健身设施的使用性质不变。

十七、15 min、10 min、5 min 生活圈和居住街坊的服务人口、服务半径通常是多少

按照 GB 50180—2018《城市居住区规划设计》中规定，15 min 生活圈(即步行 15 min 可达范围)的服务人口约为 50 000 人～100 000 人，服务半径为 0.8 km～1.0 km；10 min 生活圈(即步行10 min可达范围)的服务人口约为 15 000 人～25 000 人，服务半径不超过 0.5 km；5 min 生活圈(即步行 5 min 可达范围)的服务人口约为 5 000 人～12 000 人，服务半径不超过 0.3 km；居住街坊的服务人口约为 1 000 人～3 000 人。

十八、15 min、10 min、5 min 生活圈和居住街坊范围内如何配建社区全民健身活动中心及相应健身场地

1. 15 min、10 min、5 min 生活圈和居住街坊范围内建社区全民健身活动中心配建方案

(1) 15 min 生活圈配建社区健身中心

方案 1：可使用城市公共管理与公共服务设施用地建设符合 GB/T 34281—2017 中大型(建筑面积4 000 m^2 以上)或中型(建筑面积 2 000 m^2～4 000 m^2)的全民健身活动中心。

方案 2：可建设 GB 50180—2018《城市居住区规划设计标准》附录 C 中规定的 2 000 m^2～5 000 m^2 的体育健身场馆。

方案 3：可集中或分散建设 GB 50180《城市居住区规划设计标准》附录 D 中规定的中型多功能运动场地组合(用地面积 1 310 m^2～2 460 m^2)或大型多功能运动场地组合(用地面积 3 150 m^2～5 620 m^2)。

(2) 10 min 生活圈配建社区全民健身活动中心

方案 1：可使用城市公共管理与公共服务设施用地建设符合 GB/T 34281—2017 中小型(建筑面积1 200 m^2～2 000 m^2)全民健身活动中心。

方案 2：可集中或分散建设 GB 50180—2018《城市居住区规划设计标准》附录 C 中规定的中型多功能运动场地组合(用地面积 1 310 m^2～2 460 m^2)或大型多功能运动场地组合(用地面积 3 150 m^2～5 620 m^2)。

方案 3：可建设 GB 50180—2018《城市居住区规划设计标准》附录 C 中室内健身房(建筑面积 600 m^2～2 000 m^2)。

(3) 5 min 生活圈配建社区全民健身活动中心

方案 1：不单独建设独栋健身中心。可使用居住用地中的服务设施用地建设 GB 50180—2018《城市居住区规划设计标准》附录 D 中社区文化活动站(建筑面积 250 m^2～1 200 m^2)，参考GB/T 34281—2017 中小型(建筑面积 1 200 m^2～2 000 m^2)全民健身活动中心选配体育项目，形成文化体育融合共建。尽可能保证 300 m^2 以上用于体育健身功能。

方案 2：可建设 GB 50180—2018《城市居住区规划设计标准》附录 C 中小型多功能运动

(球类)场地组合(用地面积 770 m^2～1 310 m^2,如半场篮球、门球、乒乓球)和室外综合健身场地(用地面积 150 m^2～750 m^2 如广场舞场地)。

(4) 居住街坊配建社区全民健身活动中心

一般不配置室内健身场所。可使用住宅用地中的配建设施用地建设户外儿童和老年人活动场地,配建室外健身器材。

2. 15 min、10 min 和 5 min 生活圈范围内建社区健身活动中心室内相应健身场地方案

社区全民健身活动中心配置要求见表 3-18-1。

表 3-18-1 社区全民健身活动中心配置要求

类 型	必备设施
15 min 生活圈配建社区全民健身活动中心	● 大空间球类健身区,如篮球、排球、羽毛球、网球等
	● 大空间非球类健身区,如游泳、滑冰、轮滑等
	● 小空间球类健身区,如乒乓球、台球、门球、沙狐球等
	● 器械训练健身区,如心肺功能训练健身区、力量器械训练健身区以及自由重物训练健身区
	● 操房健身区
	● 康体健身区
	● 体测区
	● 医务区
10 min 生活圈配建社区全民健身活动中心	● 大空间球类健身区,如篮球、排球、羽毛球、网球等
	● 小空间球类健身区,如乒乓球、台球、门球、沙狐球等
	● 器械训练健身区,如心肺功能训练健身区、力量器械训练健身区以及自由重物训练健身区
	● 体测区
5 min 生活圈配建社区全民健身活动中心	● 小空间球类健身区,如乒乓球、台球、门球、沙狐球等
	● 器械训练健身区

第 四 章

全民健身活动中心案例精选

一、湖南省衡阳市全民健身中心

衡阳市全民健身中心，占地面积 4 283 m²，建筑面积 15 000 m²，其中体育健身场地面积达 7 000 m²，由前后两栋（前栋 4 层、后栋 8 层）楼组成（见图 4-1-1）。设置了：体质检测、

a） 外观图一

b） 外观图二

图 4-1-1 衡阳市全民健身中心外观

体育彩票、器械运动、形体训练、乒乓球、羽毛球、网球、体育宾馆等项目，具备年接待 30 万人次健身、锻炼的条件，项目总投资 4 500 万元，2010 年 1 月投入使用。每年可为 30 万市民提供健身服务（见图 4-1-2）。

a) 网球场

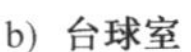

b) 台球室

c) 羽毛球场

d) 篮球场

e) 乒乓球室

f) 室内游泳场

图 4-1-2　衡阳市全民健身中心体育活动场地

g）动感单车房

h）形体训练房

i）器械训练房

j）健美操训练房

k）高温瑜伽室

l）瑜伽健身馆

续图 4-1-2

二、浙江省余姚市全民健身中心

由余姚市财政全额投资的大型社会公益性体育设施，位于余姚市开丰路199号，总占地面积92 000 m²，投资1.2亿元，总建筑面积为15 500 m²。全民健身活动中心场内项目设施按照功能布局共分四大区块（见图4-2-1）：（1）室外开放设施：包括400 m标准塑胶田径场1个、篮球场4片（其中灯光篮球场2片）、网球场4片（其中灯光网球场2片）、门球场2片、排球场1片、沙滩排球场1片、安装有健身路径的健身苑3个及沿江景观休闲带、800 m跑步园道、露天舞池3 500 m² 等开放项目。（2）综合健身楼：共5层，其中四楼、五楼为公司办公区；一楼、二楼和三楼以健身房的模式进行布局，内部设国民体质监测中心、力量区、有氧器械区、大小操房、高温瑜伽房、汗蒸房、休闲吧等区域。（3）球类游泳馆：室内球类馆共三层，包括室内篮球场、羽毛球场、台球室、乒乓球室、书吧、休闲吧，25 m×6泳道标准游泳池1座。（4）室外游泳馆：包括室外50 m×8泳道标准游泳池1个、儿童戏水池1个和450座看台。

a）外观一

b）外观二

c）健身房一

d）健身房二

图4-2-1　浙江省余姚市全民健身中心

e）田径场一

f）田径场二

续图 4-2-1

三、广西壮族自治区南宁市李宁体育园

南宁市李宁体育园是由广西前奥运冠军、著名体操运动员李宁及其家族成员捐资创办的广西李宁基金会捐资建设的以非盈利为目的的公益性公园。李宁体育园位于东盟商务区凤岭南路 13 号，占地351 333 m^2，总建筑面积 35 908.16 m^2。景观绿化面积 230 000 m^2，容积率 0.98。主要由体育运动区、文化活动区、休闲娱乐区、极限运动区、亲子互动区、服务配套区组成（见图 4-3-1）。体育园主旨于促进广西体育运动的普及、推动全民健身运动、挖掘培养青少年体育人才，传播优秀体育文化，致力于打造南宁市功能齐全设施优越的体育运动中心，体育文化活动中心和运动休闲健身中心。李宁体育园将举行各类形态丰富多彩的单项体育赛事、综合性大型运动会、全民健身趣味竞技活动以及家庭欢乐日等各种公益活动、娱乐节庆活动。体育园还将承接各类企事业单位拓展培训、运动会等活动。

a）外观一

b）外观二

图 4-3-1　广西壮族自治区南宁市李宁体育园

c) 室内羽毛球场

d) 游泳馆

e) 室外网球场一

f) 室外网球场二

g) 乒乓球室

h) 足球场

续图 4-3-1

四、甘肃省张掖市全民健身活动中心

张掖市全民健身活动中心坐落在甘州区北街城乡结合区的繁华地段，周围交通便利，

停车方便，学校、住宅区众多，区位优势显著（见图 4-4-1）。全民健身活动中心内设有篮球馆、羽毛球馆、网球馆、乒乓球馆、武术馆、跆拳道馆、器械健身房、动感单车房、舞蹈厅、有氧健身操厅、棋牌室、台球室共 12 个运动场馆和活动厅室，以及体质监测室、客房、休闲水吧、体育用品部、更衣室、浴室、洗手间、卫生间、多功能会议室和办公室等功能齐全的馆内辅助设施。室外配套实施有占地 5 200 m^2 的 200 m 塑胶田径场及附属篮球、排球、羽毛球场地，健身步道，停车位、绿化带等。

室内设施见图 4-4-2，室外设施见图 4-4-3，辅助设施见图 4-4-4。

a）外观一

b）外观二

图 4-4-1　甘肃省张掖市全民健身活动中心

a）乒乓球馆

b）武术馆

c）舞蹈厅

d）器械健身房

图 4-4-2　室内设施

e）篮球场

f）羽毛球场

续图 4-4-2

a）室外羽毛球场

b）田径跑道

图 4-4-3　室外设施

a）会议室

b）卫生间

图 4-4-4　辅助设施

附录一

全民健身计划(2016—2020年)

国发[2016]37号

全民健康是国家综合实力的重要体现,是经济社会发展进步的重要标志。全民健身是实现全民健康的重要途径和手段,是全体人民增强体魄、幸福生活的基础保障。实施全民健身计划是国家的重要发展战略。在党中央、国务院正确领导下,过去五年,经过各地各有关部门和社会各界的共同努力,覆盖城乡、比较健全的全民健身公共服务体系基本形成,为提供更加完备公共体育服务、建设体育强国奠定坚实基础。今后五年,面对人民群众日益增长的体育健身需求、全面建成小康社会的目标要求、推动健康中国建设的机遇挑战,需要更加准确把握新时期全民健身发展内涵的深刻变化,不断开拓发展新境界,使其成为健康中国建设的有力支撑和全面建成小康社会的国家名片。为实施全民健身国家战略,提高全民族的身体素质和健康水平,制定本计划。

一、总体要求

(一)指导思想。全面贯彻党的十八大和十八届三中、四中、五中全会精神,紧紧围绕"四个全面"战略布局和党中央、国务院决策部署,牢固树立和贯彻落实创新、协调、绿色、开放、共享的发展理念,以增强人民体质、提高健康水平为根本目标,以满足人民群众日益增长的多元化体育健身需求为出发点和落脚点,坚持以人为本、改革创新、依法治体、确保基本、多元互促、注重实效的工作原则,通过立体构建、整合推进、动态实施,统筹建设全民健身公共服务体系和产业链、生态圈,提升全民健身现代治理能力,为全面建成小康社会贡献力量,为实现中华民族伟大复兴的中国梦奠定坚实基础。

(二)发展目标。到2020年,群众体育健身意识普遍增强,参加体育锻炼的人数明显增加,每周参加1次及以上体育锻炼的人数达到7亿人,经常参加体育锻炼的人数达到4.35亿人,群众身体素质稳步增强。全民健身的教育、经济和社会等功能充分发挥,与各项社会事业互促发展的局面基本形成,体育消费总规模达到1.5万亿元,全民健身成为促进体育产业发展、拉动内需和形成新的经济增长点的动力源。支撑国家发展目标、与全面建成小康社会相适应的全民健身公共服务体系日趋完善,政府主导、部门协同、全社会共同参与的全民健身事业发展格局更加明晰。

二、主要任务

(三)弘扬体育文化,促进人的全面发展。普及健身知识,宣传健身效果,弘扬健康新理念，把身心健康作为个人全面发展和适应社会的重要能力，树立以参与体育健身、拥有强健体魄为荣的个人发展理念，营造良好舆论氛围，通过体育健身提高个人的团队协作能力。引导发挥体育健身对形成健康文明生活方式的作用，树立人人爱锻炼、会锻炼、勤锻炼、重规则、讲诚信、争贡献、乐分享的良好社会风尚。

将体育文化融入体育健身的全周期和全过程，以举办体育赛事活动为抓手，大力宣传运动项目文化，弘扬奥林匹克精神和中华体育精神，挖掘传承传统体育文化，发挥区域特色文化遗产的作用。树立全民健身榜样，讲述全民健身故事，传播社会正能量，发挥体育文化在践行社会主义核心价值观、弘扬中华民族传统美德、传承人类优秀文明成果和提升国家软实力等方面的独特价值和作用。

（四）开展全民健身活动，提供丰富多彩的活动供给。因时、因地、因需开展群众身边的健身活动，分层分类引导运动项目发展，丰富和完善全民健身活动体系。大力发展健身跑、健步走、骑行、登山、徒步、游泳、球类、广场舞等群众喜闻乐见的运动项目，积极培育帆船、击剑、赛车、马术、极限运动、航空等具有消费引领特征的时尚休闲运动项目，扶持推广武术、太极拳、健身气功等民族、民俗、民间传统和乡村农味农趣运动项目，鼓励开发适合不同人群、不同地域和不同行业特点的特色运动项目。

激发市场活力，为社会力量举办全民健身活动创造便利条件，发挥网络等新兴活动组织渠道的作用，完善业余体育竞赛体系。鼓励举办不同层次和类型的全民健身运动会，设立残疾人组别，促进健全人与残疾人体育运动融合开展。支持各地、各行业结合地域文化、农耕文化、旅游休闲等资源，打造具有区域特色、行业特点、影响力大、可持续性强的品牌赛事活动。推动各级各类体育赛事的成果惠及更多群众，促进竞技体育与群众体育全面协调发展。重视发挥健身骨干在开展全民健身活动中的作用，引导、服务、规范全民健身活动健康发展。

（五）推进体育社会组织改革，激发全民健身活力。按照社会组织改革发展的总体要求，加快推动体育社会组织成为政社分开、权责明确、依法自治的现代社会组织，引导体育社会组织向独立法人组织转变，推动其社会化、法治化、高效化发展，提高体育社会组织承接全民健身服务的能力和质量。

积极发挥全国性体育社会组织在开展全民健身活动、提供专业指导服务等方面的龙头示范作用。加强各级体育总会作为枢纽型体育社会组织的建设，带动各级各类单项、行业和人群体育组织开展全民健身活动。加强对基层文化体育组织的指导服务，重点培育发展在基层开展体育活动的城乡社区服务类社会组织，鼓励基层文化体育组织依法依规进行登记。推进体育社会组织品牌化发展并在社区建设中发挥作用，形成架构清晰、类型多样、服务多元、竞争有序的现代体育社会组织发展新局面。

（六）统筹建设全民健身场地设施，方便群众就近就便健身。按照配置均衡、规模适当、方便实用、安全合理的原则，科学规划和统筹建设全民健身场地设施。推动公共体育设施建设，着力构建县（市、区）、乡镇（街道）、行政村（社区）三级群众身边的全民健身设施网络和城市社区 15 分钟健身圈，人均体育场地面积达到 1.8 平方米，改善各类公共体育设施的无障碍条件。

有效扩大增量资源，重点建设一批便民利民的中小型体育场馆，建设县级体育场、全民

健身中心、社区多功能运动场等场地设施,结合基层综合性文化服务中心、农村社区综合服务设施建设及区域特点,继续实施农民体育健身工程,实现行政村健身设施全覆盖。新建居住区和社区要严格落实按“室内人均建筑面积不低于0.1平方米或室外人均用地不低于0.3平方米”标准配建全民健身设施的要求,确保与住宅区主体工程同步设计、同步施工、同步验收、同步投入使用,不得挪用或侵占。老城区与已建成居住区无全民健身场地设施或现有场地设施未达到规划建设指标要求的,要因地制宜配建全民健身场地设施。充分利用旧厂房、仓库、老旧商业设施、农村“四荒”(荒山、荒沟、荒丘、荒滩)和空闲地等闲置资源,改造建设为全民健身场地设施,合理做好城乡空间的二次利用,推广多功能、季节性、可移动、可拆卸、绿色环保的健身设施。利用社会资金,结合国家主体功能区、风景名胜区、国家公园、旅游景区和新农村的规划与建设,合理利用景区、郊野公园、城市公园、公共绿地、广场及城市空置场所建设休闲健身场地设施。

进一步盘活存量资源,做好已建全民健身场地设施的使用、管理和提档升级,鼓励社会力量参与现有场地设施的管理运营。完善大型体育场馆免费或低收费开放政策,研究制定相关政策鼓励中小型体育场馆免费或低收费开放。确保公共体育场地设施和符合开放条件的企事业单位、学校体育场地设施向社会开放。

(七)发挥全民健身多元功能,形成服务大局、互促共进的发展格局。结合“健康中国2030”等总体发展战略,以及科技、教育、文化、卫生、养老、助残等事业发展,统筹谋划全民健身重大项目工程,发挥全民健身在促进素质教育、文化繁荣、社会包容、民生改善、民族团结、健身消费和大众创业、万众创新等方面的积极作用。

充分发挥全民健身对发展体育产业的推动作用,扩大与全民健身相关的体育健身休闲活动、体育竞赛表演活动、体育场馆服务、体育培训与教育、体育用品及相关产品制造和销售等体育产业规模,使健身服务业在体育产业中所占比重不断提高。鼓励发展健身信息聚合、智能健身硬件、健身在线培训教育等全民健身新业态。充分利用“互联网+”等技术开拓全民健身产品制造领域和消费市场,使体育消费在居民消费支出中所占比重不断提高。

(八)拓展国际大众体育交流,引领全民健身开放发展。坚持“请进来、走出去”,拓展全民健身理论、项目、人才、设备等国际交流渠道,推动全民健身向更高层次发展。

搭建全民健身国际交流平台,加强国际间互动交流。传播和推广全民健身发展过程中的中国理念、中国故事、中国人物、中国标准、中国产品,发出中国声音,提升国际影响力,有效发挥全民健身在推广中国文化、提升国家形象和增强国家软实力等方面的独特作用。

(九)强化全民健身发展重点,着力推动基本公共体育服务均等化和重点人群、项目发展。依法保障基本公共体育服务,推动基本公共体育服务向农村延伸,以乡镇、农村社区为重点促进基本公共体育服务均等化。坚持普惠性、保基本、兜底线、可持续、因地制宜的原则,重点扶持革命老区、民族地区、边疆地区、贫困地区发展全民健身事业。

将青少年作为实施全民健身计划的重点人群,大力普及青少年体育活动,提高青少年身体素质。加强学校体育教育,将提高青少年的体育素养和养成健康行为方式作为学校教育的重要内容,保证学生在校的体育场地和锻炼时间,把学生体质健康水平纳入工作考核体系,加强学校体育工作绩效评估和行政问责。全面实施青少年体育活动促进计划,积极发挥“青少年阳光体育大会”等青少年体育品牌活动的示范引领作用,使青少年提升身体素质、掌握运动技能、培养锻炼兴趣，形成终身体育健身的良好习惯。推进老年宜居环境建设，统筹规划建设公益性老年健身体育设施，加强社区养老服务设施与社区体育设施的功能衔接，提高使用率，支持社区利用公共服务设施和社会场所组织开展适合老年人的体育健身活动，为老年人健身提供科学指导。进一步加大对国家全民健身助残工程的支持力度，采取优惠政策，推动残疾人康复体育和健身体育广泛开展。开展职工、农民、妇女、幼儿体育，推动将外来务工人员公共体育服务纳入属地供给体系。加大对社区矫正人员等特殊人群的全民健身服务供给，使其享受更多社会关爱，在融入社会方面增加获得感和满足感。

加快发展足球运动和冰雪运动。着力加大足球场地供给，把建设足球场地纳入城镇化和新农村建设总体规划，因地制宜鼓励社会力量建设小型、多样化的足球场地。广泛开展校园足球活动，抓紧完善常态化、纵横贯通的大学、高中、初中、小学四级足球竞赛体系。积极倡导和组织行业、社区、企业、部队、残疾人、中老年、五人制、沙滩足球等形式多样的民间足球活动，举办多层级足球赛事，不断扩大足球人口规模，促进足球运动蓬勃发展。大力推广普及冰雪运动，利用筹备和举办北京 2022 年冬奥会和冬残奥会的契机，实施群众冬季运动推广普及计划。支持各地建设和改建多功能冰场和雪场，引导社会力量进入冰雪运动领域，推进冰雪运动进景区、进商场、进社区、进学校，扶持花样滑冰、冰球、高山滑雪等具有一定群众基础的冰雪健身休闲项目，打造品牌冰雪运动俱乐部、冰雪运动院校和一系列观赏性强、群众参与度高的品牌赛事活动。积极培育冰雪设备和运动装备产业，推动其发展壮大。鼓励各地依托当地自然人文资源开展形式多样的冰雪运动，实现 3 亿人参与冰雪运动，使冰雪运动的群众基础更加坚实。

三、保障措施

（十）完善全民健身工作机制。通过强化政府主导、部门协同、全社会共同参与的全民健身组织架构，推动各项工作顺利开展。政府要按照科学统筹、合理布局的原则，做好宏观管理、政策制定、资源整合分配、工作监督评估和协调跨部门联动；各有关部门要将全民健身工作与现有政策、目标、任务相对接，按照职责分工制定工作规划、落实工作任务；智库可为有关全民健身的重要工作、重大项目提供咨询服务，并在顶层设计和工作落实中发挥作用；社会组织可在日常体育健身活动的引导、培训、组织和体育赛事活动的承办等方面发挥作用，积极参与全民健身公共服务体系建设。以健康为主题，整合基层宣传、卫生计生、文化、教育、民政、养老、残联、旅游等部门相关工作，在街道、乡镇层面探索建设健康促进服务中心。

（十一）加大资金投入与保障。建立多元化资金筹集机制，优化投融资引导政策，推动落实财税等各项优惠政策。县级以上地方人民政府应当将全民健身工作相关经费纳入财政预算，并随着国民经济的发展逐步增加对全民健身的投入。安排一定比例的彩票公益金等财政资金，通过设立体育场地设施建设专项投资基金和政府购买服务等方式，鼓励社会力量投资建设体育场地设施，支持群众健身消费。依据政府购买服务总体要求和有关规定，制定政府购买全民健身公共服务的目录、办法及实施细则，加大对基层健身组织和健身赛事活动等的购买比重。完善中央转移支付方式，鼓励和引导地方政府加大对全民健身的

财政投入。落实好公益性捐赠税前扣除政策,引导公众对全民健身事业进行捐赠。社会力量通过公益性社会组织或县级以上人民政府及其部门用于全民健身事业的公益性捐赠,符合税法规定的部分,可在计算企业所得税和个人所得税时依法从其应纳税所得额中扣除。

(十二)建立全民健身评价体系。制定全民健身相关规范和评价标准,建立政府、社会、专家等多方力量共同组成的工作平台,采用多层级、多主体、多方位的方式对全民健身发展水平进行立体评估,注重发挥各类媒体的监督作用。把全民健身评价指标纳入精神文明建设以及全国文明城市、文明村镇、文明单位、文明家庭和文明校园创建的内容,将全民健身公共服务相关内容纳入国家基本公共服务和现代公共文化服务体系。进一步明确全民健身发展的核心指标、评价标准和测评方法,为衡量各地全民健身发展水平提供科学依据。出台全国全民健身公共服务体系建设指导标准,鼓励各地结合实际制定全民健身公共服务体系建设地方标准,推进全民健身基本公共服务均等化、标准化。鼓励各地依托特色资源,积极创建体育特色城市、体育生活化街道(乡镇)和体育生活化社区(村)。继续完善全民健身统计制度,做好体育场地普查、国民体质监测以及全民健身活动状况调查数据分析,结合卫生计生部门的营养与慢性病状况调查等,推进全民健身科学决策。

(十三)创新全民健身激励机制。搭建更加适应时代发展需求的全民健身激励平台,拓展激励范围,有效调动城乡基层单位和个人的积极性,发挥典型示范带动作用。推行《国家体育锻炼标准》,颁发体育锻炼标准证书、证章,有条件的地方可通过试行向特定人群或在特定时段发放体育健身消费券等方式,建立多渠道、市场化的全民健身激励机制。鼓励对体育组织、体育场馆、全民健身品牌赛事和活动等的名称、标志等无形资产的开发和运用,引导开发科技含量高、拥有自主知识产权的全民健身产品,提高产品附加值。对支持和参与全民健身、在实施全民健身计划中做出突出贡献的组织机构和个人进行表彰。

(十四)强化全民健身科技创新。制定并实施运动促进健康科技行动计划,推广“运动是良医”等理念,提高全民健身方法和手段的科技含量。开展国民体质测试,开发应用国民体质健康监测大数据,研究制定并推广普及健身指导方案、运动处方库和中国人体育健身活动指南,开展运动风险评估,大力开展科学健身指导,提高群众的科学健身意识、素养和能力水平。推动移动互联网、云计算、大数据、物联网等现代信息技术手段与全民健身相结合,建设全民健身管理资源库、服务资源库和公共服务信息平台,使全民健身服务更加便捷、高效、精准。利用大数据技术及时分析经常参加体育锻炼人数、体育设施利用率,进行运动健身效果综合评价,提高全民健身指导水平和全民健身设施监管效率。推进全民健身场地设施创新,促进全民健身场地设施升级换代,为群众提供更加便利、科学、安全、灵活、无障碍的健身场地设施。积极支持体育用品制造业创新发展,采用新技术、新材料、新工艺,提高产品科技含量,增加产品品种,提升体育用品的质量水平和品牌影响力。鼓励企业参与全民健身科技创新平台和科学健身指导平台建设,加强全民健身科学研究和科学健身指导。

(十五)加强全民健身人才队伍建设。树立新型全民健身人才观,发挥人才在推动全民健身中的基础性、先导性作用,努力培养适应全民健身发展需要的组织、管理、研究、健康指导、志愿服务、宣传推广等方面的人才队伍。创新全民健身人才培养模式,加大对民间健身领军示范人物的发掘和扶持力度,重视对基层管理人员和工作人员中榜样人物的培育。

将全民健身人才培养与综治、教育、人力资源社会保障、农业、文化、卫生计生、工会、残联等部门和单位的人才教育培训相衔接，畅通各类人才培养渠道。加强竞技体育与全民健身人才队伍的互联互通，形成全民健身与学校体育、竞技体育后备人才培养工作的良性互动局面，为各类体育人才培养和发挥作用创造条件。发挥互联网等科技手段在人才培训中的作用，加大对社会化体育健身培训机构的扶持力度。

（十六）完善法律政策保障。推动在《中华人民共和国体育法》修订过程中进一步完善全民健身的相关内容，依法保障公民的体育健身权利。推动加快地方全民健身立法，加强全民健身与精神文明、社区服务、公共文化、健康、卫生、旅游、科技、养老、助残等相关制度建设的统筹协调，完善健身消费政策，将加快全民健身相关产业与消费发展纳入体育产业和其他相关产业政策体系。建立健全全民健身执法机制和执法体系，做好全民健身中的纠纷预防与化解工作，利用社会资源提供多样化的全民健身法律服务。完善规划与土地政策，将体育场地设施用地纳入城乡规划、土地利用总体规划和年度用地计划，合理安排体育用地。鼓励保险机构创新开发与全民健身相关的保险产品，为举办和参与全民健身活动提供全面风险保障。

四、组织实施

（十七）加强组织领导与协调。各地要加强对全民健身事业的组织领导，建立完善实施全民健身计划的组织领导协调机制，确保全民健身国家战略深入推进。要把全民健身公共服务体系建设摆在重要位置，纳入当地国民经济和社会发展规划及基本公共服务发展规划，把相关重点工作纳入政府年度民生实事加以推进和考核，构建功能完善的综合性基层公共服务载体。

（十八）严格过程监管与绩效评估。县级以上地方人民政府要制定本地《全民健身实施计划（2016－2020年）》，做好任务分工和监督检查，并在2020年对《全民健身实施计划（2016－2020年）》实施情况进行全面评估。建立全民健身公共服务绩效评估指标体系，定期开展第三方评估和社会满意度调查，对重点目标、重大项目的实施进度和全民健身实施计划推进情况进行专项评估，形成包括媒体在内的多方监督机制。

（文件来源：中国政府网）

附录二

现行有效的主要体育国家标准和行业标准清单

一、主要体育设施标准

GB/T 14833—2011　合成材料跑道面层

GB/T 19995.1—2005　天然材料体育场地使用要求及检验方法　第1部分:足球场地天然草面层

GB/T 19995.2—2005　天然材料体育场地使用要求及检验方法　第2部分:综合体育场馆木地板场地

GB/T 19995.3—2006　天然材料体育场地使用要求及检验方法　第3部分:运动冰场

GB/T 20033.2—2005　人工材料体育场地使用要求及检验方法　第2部分:网球场地

GB/T 20033.3—2006　人工材料体育场地使用要求及检验方法　第3部分:足球场地人造草面层

GB/T 22185—2008　体育场馆公共安全通用要求

GB/T 22517.2—2008　体育场地使用要求及检验方法　第2部分:游泳场地

GB/T 22517.3—2008　体育场地使用要求及检验方法　第3部分:棒球、垒球场地

GB/T 22517.4—2017　体育场所使用要求及检验方法　第4部分:合成面层篮球场地

GB/T 22517.6—2011　体育场地使用要求及检验方法　第6部分:田径场地

GB/T 22517.7—2018　体育场地使用要求及检验方法　第7部分:网球场地

GB/T 22517.10—2014　体育场地使用要求及检验方法　第10部分:壁球场地

GB/T 22517.11—2014　体育场地使用要求及检验方法　第11部分:曲棍球场地

GB/T 28047—2011　厅堂、体育场馆扩声系统听音评价方法

GB/T 28048—2011　厅堂、体育场馆扩声系统验收规范

GB/T 28049—2011　厅堂、体育场馆扩声系统设计规范

GB/T 28935—2012　拆装式游泳池

GB/T 28939—2012　游泳池拆装式垫层

GB/T 29458—2012　体育场馆LED显示屏使用要求及检验方法

GB/T 34280—2017　全民健身活动中心管理服务要求

GB/T 34281—2017　全民健身活动中心分类配置要求

GB/T 34419—2017　城市社区多功能公共运动场配置要求

CJ 244—2016　游泳池水质标准

CJJ 122—2017　游泳池给水排水工程技术规程

JG/T 191—2006　城市社区体育设施技术要求

JGJ 31—2003　体育建筑设计规范

JGJ/T 131—2012　体育场馆声学设计及测量规程

JGJ 153—2016　体育场馆照明设计及检测标准

JGJ/T 179—2009　体育建筑智能化系统工程技术规程

TY/T 1002.1—2005　体育照明使用要求及检验方法　第1部分:室外足球场和综合体育场

TY/T 1002.2—2009　体育照明使用要求及检验方法　第2部分:综合体育馆

TY/T 4001.1—2018　汽车自驾运动营地建设要求与开放条件

TY/T 4001.2—2018　汽车自驾运动营地服务管理要求

TY/T 4001.3—2018　汽车自驾运动营地星级划分与评定

二、主要体育场所服务标准

GB/T 18266.1—2000　体育场所等级的划分　第1部分:保龄球馆星级的划分及评定

GB/T 18266.2—2002　体育场所等级的划分　第2部分:健身房星级的划分及评定

GB/T 18266.3—2017　体育场所等级的划分　第3部分:游泳场馆星级划分及评定

GB 19079.1—2013　体育场所开放条件与技术要求　第1部分:游泳场所

GB 19079.2—2005　体育场所开放条件与技术要求　第2部分:卡丁车场所

GB 19079.3—2005　体育场所开放条件与技术要求　第3部分:蹦极场所

GB 19079.4—2014　体育场所开放条件与技术要求　第4部分:攀岩场所

GB 19079.5—2005　体育场所开放条件与技术要求　第5部分:轮滑场所

GB 19079.6—2013　体育场所开放条件与技术要求　第6部分:滑雪场所

GB 19079.7—2013　体育场所开放条件与技术要求　第7部分:花样滑冰场所

GB 19079.8—2013　体育场所开放条件与技术要求　第8部分:射击场所

GB 19079.9—2013　体育场所开放条件与技术要求　第9部分:射箭场所

GB 19079.10—2013　体育场所开放条件与技术要求　第10部分:潜水场所

GB 19079.11—2005　体育场所开放条件与技术要求　第11部分:漂流场所

GB 19079.12—2013　体育场所开放条件与技术要求　第12部分:伞翼滑翔场所

GB 19079.13—2013　体育场所开放条件与技术要求　第13部分:气球与飞艇场所

GB 19079.19—2010　体育场所开放条件与技术要求　第19部分:拓展场所

GB 19079.20—2013　体育场所开放条件与技术要求　第20部分:冰球场所

GB 19079.21—2013　体育场所开放条件与技术要求　第21部分:拳击场所

GB 19079.22—2013　体育场所开放条件与技术要求　第22部分:跆拳道场所

GB 19079.23—2013　体育场所开放条件与技术要求　第23部分:蹦床场所

GB 19079.24—2013　体育场所开放条件与技术要求　第24部分:运动飞机场所

GB 19079.25—2013　体育场所开放条件与技术要求　第25部分:跳伞场所

GB 19079.26—2013　体育场所开放条件与技术要求　第26部分:航空航天模型场所

GB 19079.27—2013　体育场所开放条件与技术要求　第27部分:定向、无线电测向场所

GB 19079.28—2013　体育场所开放条件与技术要求　第28部分:武术散打场所

GB 19079.29—2013　体育场所开放条件与技术要求　第29部分:攀冰场所

GB 19079.30—2013　体育场所开放条件与技术要求　第30部分:山地户外场所

GB 19079.31—2013　体育场所开放条件与技术要求　第31部分:高山探险场所

GB/T 19079.32—2017　体育场所开放条件与技术要求　第32部分:足球运动场所

GB/T 34311—2017　体育场所开放条件与技术要求　总则

三、主要体育器材标准

GB/T 8390—2007　单杠

GB/T 8391—2007　双杠

GB/T 8392—2007　高低杠

GB/T 8393—2007　跳跃平台

GB/T 8394—2007　鞍马

GB/T 8395—2007　吊环

GB/T 8397—2007　平衡木

GB/T 11881—2006　羽毛球

GB/T 14625.1—2008　篮球、足球、排球、手球试验方法　第1部分:圆度测定方法

GB/T 14625.2—2008　篮球、足球、排球、手球试验方法　第2部分:反弹高度测定方法

GB/T 14625.3—2008　篮球、足球、排球、手球试验方法　第3部分:动态耐冲击试验方法

GB/T 14625.4—2008　篮球、足球、排球、手球试验方法　第4部分:试验条件与试样准备

GB/T 14625.5—2008　篮球、足球、排球、手球试验方法　第5部分:圆周长、圆周差的测量

GB 17498.1—2008　固定式健身器材　第1部分:通用安全要求和试验方法

GB 17498.2—2008　固定式健身器材　第2部分:力量型训练器材　附加的特殊安全要求和试验方法

GB 17498.4—2008　固定式健身器材　第4部分:力量型训练长凳　附加的特殊安全要求和试验方法

GB 17498.5—2008　固定式健身器材　第5部分:曲柄踏板类训练器材　附加的特殊

安全要求和试验方法

GB 17498.6—2008　固定式健身器材　第6部分:跑步机　附加的特殊安全要求和试验方法

GB 17498.7—2008　固定式健身器材　第7部分:划船器　附加的特殊安全要求和试验方法

GB 17498.8—2008　固定式健身器材　第8部分:踏步机、阶梯机和登山器　附加的特殊安全要求和试验方法

GB 17498.9—2008　固定式健身器材　第9部分:椭圆训练机　附加的特殊安全要求和试验方法

GB 17498.10—2008　固定式健身器材　第10部分:带有固定轮或无飞轮的健身车　附加的特殊安全要求和试验方法

GB 19272—2011　室外健身器材的安全　通用要求

GB/T 20045—2005　40 mm 乒乓球

GB/T 20394—2013　体育用人造草

GB/T 22751—2008　台球桌

GB/T 23866—2009　体育用品标准编写要求

GB/T 23867—2009　滑雪用具　通用词汇

GB/T 23868—2009　体育用品的分类

GB/T 28238—2011　体育用品售后服务的要求

GB/T 30228—2013　运动场地地面冲击衰减的安全性能要求和试验方法

GB/T 30229—2013　比赛用台安装使用技术要求

GB/T 30230—2013　运动水壶的安全要求

HG/T 2290—2009　橡胶篮球、排球、足球

QB/T 1206—1991　篮球架

QB/T 1845.1—1993　门球器材　球

QB/T 2166—1995　铁饼

QB/T 2700—2005　乒乓球台

QB/T 2701—2005　乒乓球网架

QB/T 2758.1—2005　羽毛球网

QB/T 2758.2—2005　羽毛球网柱

QB/T 2769—2006　网球拍

QB/T 2770—2006　羽毛球拍

QB/T 4290—2012　排球柱和网

附录三

各省、市、自治区关于《全民健身计划(2016—2020年)》条款摘要

序号	省、市、自治区	相关政策	相关条款
1	北京市	北京市人民政府关于印发《北京市全民健身实施计划(2016—2020年)》的通知(京政发[2016]61号)	推进健身场地设施建设。严格落实本市居住公共服务设施配置指标有关规定,确保新建住宅小区配建全民健身设施与住宅建设同步实施、同步验收、同步交付使用。新建篮球、乒乓球、门球等健身场地650片,加快建设一批群众身边的公众健身活动中心、户外多功能球场、健身步道等设施,形成满足群众日常健身需求、以“15分钟健身圈”为基础的全民健身设施网络。鼓励社会力量建设小型化、多样化活动场所和健身设施。 将科学健身融入社区养老服务驿站服务内容,建设公益性老年健身体育设施,支持社区因地制宜,利用各类公共服务设施组织开展适合老年人的体育健身活动
2	天津市	天津市人民政府关于印发《天津市全民健身实施计划(2016—2020年)》的通知(津政发[2016]24号)	全民健身公共服务体系日趋完善,健身设施明显增加,城市社区体育设施“15分钟健身圈”初步形成,体育场地面积达到人均2.28平方米以上,城市社区、乡镇行政村基本公共体育设施实现全覆盖。 推进体育设施规划建设。出台全市公共体育设施空间布局规划,统筹建设全民健身场地设施,促进基本公共体育服务均等化。加大投资力度,着力构建市、区、街镇、社区(村)四级全民健身设施网络,打造城市社区“15分钟健身圈”。完善区级“五个一工程”建设,使每个区达到拥有一个体育场、一个体育馆、一个游泳馆、一个全民健身中心、一个体育公园的基本要求。推进街道乡镇级全民健身中心建设,形成一批便民利民中小型体育健身场馆,在社区(村)新建200个多功能运动场,更新和配建3 000个社区(村)健身园,实现社区(村)基本公共体育设施全覆盖。

续表

序号	省、市、自治区	相关政策	相关条款
2	天津市	天津市人民政府关于印发《天津市全民健身实施计划(2016—2020 年)》的通知(津政发[2016]24 号)	扩大社区增量健身设施资源。新建居住区和社区严格执行国家规定的“室内人均建筑面积不低于 0.1 平方米或室外人均用地不低于 0.3 平方米”配建全民健身设施的规划标准,确保与住宅区主体工程同步设计、同步施工、同步验收、同步投入使用。老社区场地设施未达标的,要因地制宜配建全民健身场地设施。充分利用旧厂房、仓库、老旧商业设施和空闲地等闲置资源,改造建设全民健身场地设施
3	河北省	河北省人民政府关于印发《河北省全民健身实施计划(2016—2020 年)》的通知(冀政发[2016]43 号)	制定场地设施规划。科学研制各级场地设施建设规划,明确中短期建设任务,精准对接百姓健身需求,统筹推进城乡全民健身设施网络建设。 构建四级设施网络。围绕建设城市社区“15 分钟健身圈”,着力推进全民健身活动中心、县级体育场、笼式足球场、拼装式游泳池、社区多功能运动场、体育公园广场等的建设;继续实施乡镇工程和农民体育健身工程,制定体育生活化街道(乡镇)和社区(村)建设标准,每年命名一批体育生活化街道(乡镇)和社区(村),不断改善农村健身条件和环境,努力构建市、县、乡、村四级全民健身设施网络。 有效扩大增量资源。新建居住区和社区严格落实按“室内人均建筑面积不低于 0.1 平方米或室外人均用地不低于 0.3 平方米”标准配建全民健身设施的要求,确保与住宅区主体工程同步设计、同步施工、同步验收、同步投入使用,不得挪用或侵占。老城区与已建成居住区无全民健身场地设施或现有设施未达到规划建设指标要求的,要因地制宜配建全民健身设施

续表

序号	省、市、自治区	相关政策	相关条款
4	山西省	山西省人民政府关于印发《山西省全民健身实施计划(2016—2020年)》的通知(晋政发[2016]52号)	编制各级全民健身场地设施建设规划,重点建设一批便民利民的中小型体育场馆,建设县级体育场、全民健身中心、社区多功能运动场等类型的场地设施。结合各地实际,继续推动实施全民健身"6565四级工程"建设。鼓励场地设施公建民营的建设运营方式,鼓励社会资本参与体育场馆建设与运营,支持社会力量建设小型、多样的运动场地设施。在设区市的城市社区建设"15分钟健身圈",县城的社区建设"10分钟健身圈"。 实现市、县全民健身活动中心覆盖率超过70%,城市街道、社区、乡(镇)室外健身设施建设覆盖率超过80%。 支持社区利用公共服务设施和社会场所组织开展适合老年人的体育健身活动,为老年人健身提供科学指导。 "6565四级工程":市级"6个一"工程:建有一个综合体育场、一个综合体育馆、一个游泳馆(多元投入)、一个大中型全民健身活动中心、一个全民健身户外活动基地、一个国民体质监测中心;县级"5个一"工程:建有一个标准体育场、一个体育馆、一个中小型全民健身活动中心、一个体育公园(或健身休闲基地)、一个国民体质监测中心;乡级"6个一"工程:建有一个健身组织网络(文体站、体育协会、体育俱乐部)、一个全民健身活动广场(多功能活动室或多功能运动场)、一批晨(晚)练点、一支社会体育指导员队伍、一个特色体育项目、一个国民体质监测站。村级"5个一"工程:建有一个健身组织网络(体育队伍、体育俱乐部)、一个适合农村(社区)特点的体育场地设施、一个传授体育技能的社会体育指导员(组)、一个群众喜闻乐见的体育项目、一套体育活动和设施管理的长效机制
5	内蒙古自治区	内蒙古自治区人民政府关于印发《内蒙古自治区全民健身实施计划(2016—2020年)》的通知(内政发[2016]98号)	体育场地设施均衡发展。全区体育场地数量达到4万个,人均体育场地面积达到2.5平方米。旗县(市、区)全民健身活动中心、苏木乡镇小型全民健身活动中心、嘎查村全民健身活动站点、社区体育健身设施实现全覆盖。缩小人民群众享有体育设施公共服务的活动半径,打造"10分钟健身圈"

续表

序号	省、市、自治区	相关政策	相关条款
5	内蒙古自治区	内蒙古自治区人民政府关于印发《内蒙古自治区全民健身实施计划（2016—2020年）》的通知（内政发[2016]98号）	提升公共体育设施服务能力。同步推进自治区农村牧区“十个全覆盖”工程与嘎查村体育健身设施建设，2016年年底前实现健身设施全覆盖。完成并提升各级公共体育设施功能，旗县（市、区）全民健身活动中心实施“112”标准，即有1个体育场、1个体育馆和2个标准足球场。苏木乡镇小型全民健身活动中心实施“1121”标准，即有1个篮球场或笼式足球场、1个门球场、2个乒乓球台和1套健身路径。嘎查村全民健身活动站点实施“121”标准，即有1个篮球场、2个乒乓球台和1套健身路径。社区建有便捷、实用的体育健身设施，有条件的建有一个多功能笼式足球场。在人口数量较大、人员居住密集的苏木乡镇政府所在地，建设一批多功能全民健身馆。鼓励有条件的地区建设滑冰馆、游泳馆。做好全民健身示范旗县（市、区）的建设与命名、资助工作，培育打造一批自治区级示范旗县（市、区）。 支持社区利用公共服务设施和社会场所组织开展适合老年人的体育健身活动
6	辽宁省	辽宁省人民政府关于印发《辽宁省全民健身实施计划（2016—2020年）》的通知（辽政发[2016]80号）	加强全民健身场地设施建设。制定并实施《辽宁省公共体育设施建设基本标准》，指导全省场地设施建设。按照配置均衡、规模适当、方便实用、安全合理的原则，科学规划和统筹建设全民健身场地设施。规划建设省、市、县公共体育服务中心，建设亲民、便民、利民、惠民的社区健身站点、社区公共运动场、农民体育健身工程、百姓健身房等村（社区）体育健身设施，丰富“15分钟健身圈”的内涵。推广拼装式游泳池、笼式足球场、多功能运动场等场地设施。推进体育公园、健身步道、户外营地、自行车骑行道等户外体育设施建设。利用新技术盘活场地存量资源，加大健身路径体育器材的更新力度，加强健身路径体育设施的维护与管理

续表

序号	省、市、自治区	相关政策	相关条款
7	吉林省	吉林省人民政府关于印发《吉林省全民健身实施计划(2016—2020年)》的通知(吉政发[2016]39号)	加大场地设施建设力度,进一步提升公共体育服务水平。以群众需求为导向,按照因地制宜、突出特色、方便实用、安全合理的原则,以促进人的全面健康为目的,将健身设施与对人心理健康、道德健康和社会适应能力有积极促进作用的设施相结合,科学规划和统筹建设全民健身场地设施,促进我省全民健身场地设施建设走向内涵式发展。大力推进体育生活化社区(行政村)建设并制定建设标准,构建基层百姓身边有设施、有组织、有活动的全民健身服务网络,打造城市社区"15分钟健身圈"。 建设一批便民利民的中小型体育场馆、全民健身活动中心、社区体育公园、户外多功能运动场、健身步道、笼式足球场等场地设施。实现全民健身路径建设乡镇(街道)、社区(行政村)全覆盖。加强已有公共健身设施检查、维修和更新工作。创新和引进科技含量高、安全、实用、便于推广的新型健身设施。加强和改善各类公共体育设施的无障碍建设,为残疾人、老年人和儿童参与健身创造条件。 发挥全民健身多元功能,形成互促共进的发展格局。结合"健康中国2030""东北振兴"等国家和地区总体发展战略,以及科技、教育、文化、卫生等事业发展的需求,统筹谋划健康促进服务中心、多功能运动场馆、冰雪运动基地、体育生活化社区等全民健身项目工程,加强项目战略策划和资源整合,把符合条件的全民健身项目纳入省级重点项目库,给予政策和资金扶持
8	黑龙江	黑龙江省人民政府关于印发《黑龙江省全民健身实施计划(2016—2020年)》的通知(黑政发[2016]39号)	加快场地设施建设。按照配置均衡、规模适当、方便实用、安全合理的原则,统筹规划建设全民健身场地设施,着力构建县、乡、村三级全民健身设施网络,构建城市"15分钟健身圈"。着力提升各级公共体育设施功能,推动全民健身场地设施"55321"工程建设,即市级实施"五个一"工程,标准为:一个全民健身中心、一个公共体育场、一个室内滑冰场、一个体育公园、一个国民体质测定与运动健身指导中心;县(市)实施"五个一"工程,标准为:一个全民健身中心、

续表

序号	省、市、自治区	相关政策	相关条款
8	黑龙江	黑龙江省人民政府关于印发《黑龙江省全民健身实施计划(2016—2020年)》的通知(黑政发[2016]39号)	一个公共体育场、一个体育公园、一个国民体质测定与运动健身指导站、一个可拆装式移动冰场,鼓励县(市、区)根据实际情况建设各类滑冰场设施;乡级实施"三个一"工程,标准为:一个标准篮球场、一套全民健身路径工程、一个健身广场,城市社区可选择社区多功能运动场代替篮球场,有条件的乡镇可建设不少于100平方米的室内健身室;村级实施"两个一"工程,标准为:一套全民健身路径和一个标准篮球场,居民区(城市聚居区内或不超过15分钟步行距离内、100户以上的自然屯)实施"一个一"工程,标准为:一套全民健身路径或一个健身广场等健身设施。新建居住区和社区要严格按照室内人均建筑面积不低于0.1平方米或室外人均用地不低于0.3平方米的要求配建全民健身设施,并确保与住宅区主体工程同步设计、同步施工、同步投入使用,不得挪用或侵占
9	上海市	上海市人民政府关于印发《上海市全民健身实施计划(2016—2020年)》的通知(沪府发[2016]96号)	科学规划,统筹利用绿化空间、楼宇、学校体育设施,重点新建一批便民利民的市民健身活动中心、中小型体育场馆、市民多功能运动场、市民健身步道等全民健身设施。新建改建一批益智健身苑点、市民健身房。新建居住区和社区要严格按照"室内人均建筑面积不低于0.1平方米或室外人均用地不低于0.3平方米"标准配建全民健身设施的要求,确保与住宅区主体工程同步设计、同步施工、同步验收、同步投入使用,不得挪用或侵占。 到2020年,建成区级体育中心23个,新建市民健身活动中心50个、市民多功能运动场150个、市民足球场100个、市民健身步道300千米。将体育设施融入生态发展,重点建设环崇明岛"一环五圈"、环淀山湖、外环绿带、郊野公园自行车健身绿道等项目,自行车健身绿道达到600千米。推进徐家汇、崇明自行车、长兴岛、前滩、南桥、松江、罗店、长宁等体育主题公园,以及沿江、沿河、沿湖体育休闲设施建设

续表

序号	省、市、自治区	相关政策	相关条款
10	江苏省	江苏省政府关于印发《江苏省全民健身实施计划(2016—2020年)》的通知(苏政发[2016]163号)	全民健身设施更加完善。全民健身设施布局科学合理,服务功能进一步提升。城市社区"10分钟健身圈"内涵不断丰富。乡镇(街道)基本建成全民健身中心和多功能运动场,行政村(社区)基本建成体育活动室和多功能运动场,同时乡镇(街道)、行政村(社区)都建有健身小公园和健身步道。全省建成体育公园1 000个,其中示范体育公园20个。继续推动公共体育设施开放共享,落实学校体育设施建设标准,在保证教学需要和校园安全的前提下向社会开放。人均体育场地面积达2.5平方米。 各地要将体育设施建设纳入城乡区域新一轮发展规划和新型城镇化发展规划建设的重要内容并大力推进,为城乡基层居民提供更多便利的健身设施。实施《江苏省公共体育设施建设基本标准》,规范和完善全民健身设施建设,优化城乡空间布局,合理配置体育设施,推动"10分钟健身圈"向城乡一体化发展。新建居住区严格落实国家配建全民健身设施要求,与住宅区主体工程同步设计、施工和验收使用。大力推进体育公园、健身步道、户外营地、自行车骑行道等户外体育设施建设,并与生态相融。加大学校等人口聚集场所体育设施建设力度。充分利用老旧街区、闲置厂房、立交桥下、高速公路服务区和客运枢纽等有条件的空间,巧妙改建配置健身设施。推广笼式足球场、篮球场、网球场和拼装式游泳池等新型体育设施,鼓励有条件的地方和社会力量建设冰雪运动设施。贯彻《江苏省公共体育设施开放管理办法》,提升规范化管理和专业化服务水平,扩大公共体育设施免费或低收费开放范围,全面实行公共体育设施对学生、老年人和残疾人优惠或免费开放。 按照城乡一体化要求,推进城乡基层健身设施、健身组织、健身活动、健身指导等公共资源及服务要素的协调配置。全面拓展乡镇(街道)综合文化站的体育服务功能,积极发挥村(社区)体育文化活动场地的阵地作用。继续实施农民体育健身工程提档升级,推动乡镇(街道)

续表

序号	省、市、自治区	相关政策	相关条款
10	江苏省	江苏省政府关于印发《江苏省全民健身实施计划(2016—2020年)《的通知(苏政发[2016]163号)	全民健身中心和多功能公共运动场建设、村(社区)体育活动室和多功能运动场建设。依据镇村布局规划优化,加快体育设施向规划发展村庄覆盖延伸,建设镇村健身小公园和健身步道。 市、县(市、区)、乡镇(街道)依托现有体育设施建设老年人体育活动中心,为老年人健身提供便利
11	浙江省	浙江省人民政府关于印发《浙江省全民健身实施计划(2016—2020年)》的通知(浙政发[2016]39号)	公共体育场地设施建设更加完善。形成各级各类体育设施布局合理、互为补充、覆盖面广、普惠性强的网络化格局,人均体育场地面积达到2.1平方米以上。基层体育健身设施建设标准逐步提高,所有县(市、区)建成全民健身活动中心,街道(乡镇)、社区(行政村)建有便捷、实用的基本公共体育健身设施,城市社区和有条件的农村建构"15分钟健身圈"。实施公共体育设施提升工程,改善各类公共体育设施的无障碍条件。努力实现各类体育场地设施向社会开放,公共体育设施和符合开放条件的公办学校体育场地设施开放率达100%。 进一步提升群众身边体育设施的建设水平,努力实现便民体育设施全覆盖。从广大群众的健身需求出发,进一步改善群众体育健身条件和环境,在全省合理规划建设一批健身公园、健身长廊、健身步道等健身场地设施及面向群众的游泳、篮球、足球、排球、羽毛球、乒乓球等大众健身活动场馆,重点在全省实施城乡社区多功能体育设施普及计划,通过省、市、县、乡镇(街道)、社区五级投入,建设一批笼式足球场、篮球场、游泳池、轮滑场等社区多功能体育设施。到2020年,全省建成1 000个社区多功能运动场,15个左右省级全民健身活动中心,150个乡镇(街道)全民健身中心、中心村全民健身广场(体育休闲公园)、轮滑公园等,500个游泳池(含拆装式游泳池),500个足球场(含笼式足球场),5500个实施小康体育村升级工程。加快冬季运动项目场地建设,满足不同层次群众的健身需求。严格落实国家新建居住区和社区按室内人均建筑面积不低于0.1平方米或室外人

续表

序号	省、市、自治区	相关政策	相关条款
11	浙江省	浙江省人民政府关于印发《浙江省全民健身实施计划(2016—2020年)》的通知(浙政发[2016]39号)	均用地不低于0.3平方米的标准配套群众健身相关设施。结合“三改一拆”“四边三化”行动，有效开发利用城镇低效用地建设体育场地设施，积极改造旧厂房、仓库、老旧商业设施等用于体育健身
12	安徽省	安徽省人民政府关于印发《安徽省全民健身实施计划(2016—2020年)》的通知(皖政[2016]120号)	统筹建设全民健身场地设施，方便群众就近就便健身。按照配置均衡、规模适当、方便实用、安全合理的原则，科学规划和统筹建设全民健身场地设施，纳入城市公共服务设施综合规划。推动公共体育设施建设，着力构建省、市、县(市、区)、乡镇(街道)、行政村(社区)五级全民健身设施网络和城市社区“15分钟健身圈”，人均体育场地面积力争达到1.8平方米，改善各类公共体育设施的无障碍条件。 有效扩大增量资源。规划建设新省体育中心。重点建设步道、绿道、健身广场等亲民、便民、利民的中小型全民健身场地设施。建成步道、绿道3 000千米以上。50%以上的设区市建成1个中型体育馆、1个中型体育场、1个中小型游泳馆、1个综合型多功能全民健身活动中心和1个体育公园。50%以上的县(市、区)建成1个小型体育馆、1个小型体育场、1个游泳设施、1个中小型全民健身活动中心、1个体育公园。50%以上的乡镇(街道)建成1个小型室内健身中心、1个全民健身广场、1个多功能球类运动场。100%的行政村建有公共体育设施。新建社区体育设施覆盖率达到100%。完善基层综合性文化服务中心、农村社区综合服务设施的体育服务功能，多渠道落实体育专兼职工作人员。 加快发展足球运动和冰雪运动。省发展改革部门要研究制定全省足球场地建设规划，着力加大足球场地供给，因地制宜鼓励社会力量建设小型、多样化的足球场地

续表

序号	省、市、自治区	相关政策	相关条款
13	福建省	福建省人民政府关于印发《福建省全民健身实施计划(2016—2020 年)》的通知(闽政[2016]43 号)	全民健身设施更加完善。基本建成设区市、县(市、区)、乡镇(街道)、行政村(社区)四级公共体育设施体系,城市社区建成“15 分钟健身圈”,农村公共体育设施提档升级。人均体育场地面积达到 2 平方米,新建社区公共体育设施全覆盖,具备建设条件的公园、广场、绿地等场所,按照标准配置公共体育设施。 扩大公共体育设施增量资源,丰富有效供给。重点完善县(市、区)、乡镇(街道)、行政村(社区)公共体育设施体系,加强便民、利民、惠民的中小型公共体育设施建设。 新建居住区和社区严格按照国家标准配置全民健身设施,老城区逐步完善全民健身配套设施建设。充分利用城市旧厂房、仓库、老旧商业设施、农村荒地等闲置资源,因地制宜建设全民健身设施。合理做好城市空间的复合利用,推广季节性、可移动、可拆卸、绿色环保的全民健身设施。结合新一轮“千村整治、百村示范”美丽乡村建设和基层综合性文化服务中心、农村社区综合服务设施建设,推进乡镇、行政村公共体育设施共建共享和全覆盖。加强与工业园区级别、规模相匹配的职工健身设施建设。鼓励社会资本建设小型化、多样化的公共体育设施。根据国家发展改革委《关于印发〈全国足球场地设施建设规划(2016—2020 年)〉的通知》,加大足球场地设施建设力度。 坚持普惠性、保基础、兜底线、可持续、因地制宜的原则,加强革命老区、原中央苏区、贫困地区、少数民族地区全民健身公共服务体系建设,重点实施基本公共体育设施扶贫工程,推动省级扶贫开发工作重点县县级公共体育设施达到国家标准。 完善全民健身设施布局。设区市以大型全民健身中心、体育公园为建设重点,完善体育场、综合体育馆、游泳馆等设施布局;县(市、区)以中型全民健身中心、健身步道、登山步道为建设重点,完善体育场、游泳馆(池)、体育公园等设施布局;乡镇(街道)以小型全民健身中心、多功

续表

序号	省、市、自治区	相关政策	相关条款
13	福建省	福建省人民政府关于印发《福建省全民健身实施计划(2016—2020年)》的通知(闽政[2016]43号)	能运动场为建设重点,完善文化体育公园、健身广场、健身步道、登山步道、健身路径等设施布局;社区以小型、多样化健身设施为建设重点,行政村以农民体育健身工程提档升级为建设重点。 落实国家全民健身设施配置标准。新建居住区和社区按照室内人均建筑面积不低于0.1平方米或室外人均用地不低于0.3平方米配建全民健身设施,并纳入建筑方案规划审查,确保与住宅区主体工程同步设计、同步施工、同步验收、同步投入使用,不得挪用或侵占。老城区与已建成居住区无全民健身设施或现有设施未达到建设指标要求的,原则上按新建居住区和社区全民健身设施建设标准的70%配置
14	江西省	江西省人民政府关于印发《江西省全民健身实施计划(2016—2020年)》的通知(赣府发[2016]43号)	大力改、扩、新建全民健身场地设施,有效扩大增量资源。场地设施建设应以满足不同人群多样化需求为目的,场地设施类型宜以小型多样为主,重点建设一批便民利民的中小型体育场馆,以及县级体育场、全民健身中心、社区多功能运动场等场地设施。新建居住区和社区要严格按照《国务院关于加快发展体育产业促进体育消费的若干意见》(国发[2014]46号)要求,建有全民健身设施,即"新建居住区和社区要按相关标准规范配套群众健身相关设施,按室内人均建筑面积不低于0.1平方米或室外人均用地不低于0.3平方米执行,并与住宅区主体工程同步设计、同步施工、同步投入使用"。 加快推进全民健身基地建设。通过开展全民健身基地创建、评估、命名等工作,促进管理和运营标准化、规范化、市场化,提升持续发展能力,更好地发挥其在全民健身活动和区域经济发展中的示范引领作用。 推进老年宜居环境建设,统筹规划建设公益性老年健身体育设施,加强社区养老服务设施与社区体育设施的功能衔接,支持社区利用公共服务设施和社会场所组织开展适合老年人的体育健身活动,扶持老年人体育社会组织建设,为老年人健身提供科学指导和集体活动平台,发挥全民健身对老年人健康促进与社会融合的作用

续表

序号	省、市、自治区	相关政策	相关条款
15	山东省	山东省人民政府关于印发《山东省全民健身实施计划(2016—2020年)》的通知(1143[2016]29号)	科学编制设施规划。编制省、市、县“十三五”公共体育设施建设规划和公共体育设施布局规划,有计划地加快推进公共体育设施建设。到2020年,全省人均体育场地面积达到2.0平方米以上。县(市、区)全部建有“三个一”工程(一个公共体育场、一个全民健身活动中心、一个体育公园或健身广场),乡镇(街道)普遍建有“两个一”工程(一个全民健身活动中心或灯光篮球场、一个多功能运动场),行政村(社区)建成一个多功能的文体广场,实现体育健身设施全覆盖;县级以上主城区建成15分钟健身圈。规划建设“三圈一廊”(省会城市群休闲体育运动圈、沂蒙山区绿色康体运动圈、大运河文化旅游运动圈和山东半岛黄金海岸全民健身长廊),构建休闲健身运动场地设施网络。继续开展“山东省绿色生态休闲体育活动基地”创建工作。到2020年,打造20个省级特色体育休闲项目。每市至少打造2个绿色生态休闲体育活动基地和2条节假日体育休闲精品线路。 落实设施建设标准。严格落实新建居住区和社区公共体育设施配套建设标准,公共体育设施与住宅区主体工程同步设计、同步施工、同步投入使用,不得挪用或侵占。支持利用公园、广场、公共绿地及空置场地,统筹推进多功能公共运动场项目建设。充分利用旧厂房、仓库、老旧商业设施和空闲地等闲置资源改造建设健身场地设施,合理做好城市空间的二次利用,增加群众健身的设施。重点扶持建设公共运动场、多功能运动场、足球场、拼装式游泳池等室外健身设施
16	河南省	河南省人民政府关于印发《河南省全民健身实施计划(2016—2020年)》的通知(豫政[2016]69号)	全民健身场地设施建设成效明显,人均体育场地面积达到1.8平方米,城市社区建成“15分钟健身圈”,乡镇、行政村建有公共体育健身设施。

续表

序号	省、市、自治区	相关政策	相关条款
16	河南省	河南省人民政府关于印发《河南省全民健身实施计划(2016—2020年)》的通知(豫政[2016]69号)	加强场地设施建设,夯实全民健身硬件基础。从人民群众体育健身的现实需求出发,结合城镇化发展进程,科学规划和统筹建设全民健身场地设施。省辖市和有条件的县(市)要建成"两场三馆",即体育场、室外体育活动广场和体育馆、游泳馆(池)和全民健身综合馆,积极构建县、乡、村三级群众身边的全民健身设施网络。新建居住区和社区要按"室内人均建筑面积不低于0.1平方米或室外人均用地不低于0.3平方米"的标准配建全民健身设施,确保与主体工程同步设计、同步施工、同步验收、同步投入使用。老城区与已建成居住区无全民健身场地设施或现有场地设施未达到规划建设指标要求的,要因地制宜配建全民健身场地设施。充分利用旧厂房、仓库、老旧商业设施、农村"四荒"(荒山、荒沟、荒丘、荒滩)和空闲地等闲置资源,改造建设为全民健身场地设施,合理做好城乡空间的二次利用,推广多功能、季节性、可移动、可拆卸、绿色环保的健身设施。在旅游景区、城市公园、公共绿地、广场等场所,增设健身设施,完善健身功能。鼓励乡镇(街道)建设公众健身活动中心或室外多功能运动场、灯光球场、笼式足球场及适合老人、儿童等人群使用的健身设施。 加强社区养老服务设施与社区体育设施的功能衔接,广泛开展适合老年人参与的体育健身活动,办好老年人体育健身大会。 充分利用城乡空间和土地资源,建设一批简易实用的非标准足球场
17	湖北省	湖北省人民政府关于印发《湖北省全民健身实施计划(2016—2020年)》的通知(鄂政发[2016]35号)	完善全民健身设施,种类齐全,人均场地面积达到1.8平方米,行政村体育设施实现全覆盖,城市15分钟城市社区健身圈基本形成。 加强社区体育设施建设,建立"15分钟健身圈"。在社区建设一批多功能运动场。新建居民区和社区严格落实"室内人均建筑面积不低于0.1平方米或室外人均用地面积不低于0.3平方米"配建全民健身设施的要求,确保与住宅区主体工程同步设计、同步施工、同步验收、同步

续表

序号	省、市、自治区	相关政策	相关条款
17	湖北省	湖北省人民政府关于印发《湖北省全民健身实施计划(2016—2020 年)》的通知(鄂政发[2016]35 号)	步投入使用,不得挪用和侵占。老城区与已建成居住区无群众健身设施或未达到规划建设指标要求的,因地制宜配建全民健身设施。 建设一批门球场、草坪网球场等老年人健身设施,80%的县(市、区)有老年人健身活动中心,所有社区和行政村有一处适合老年人的健身场地或器材,提倡有条件的社区和行政村发展适合老年人的多种健身场地设施
18	湖南省	湖南省人民政府关于印发《湖南省全民健身实施计划(2016—2020 年)》的通知(湘政发[2016]25 号)	加强全民健身设施建设与管理,方便群众就近就便健身。按照配置均衡、规模适当、方便实用、安全合理的原则,科学规划和统筹建设全民健身场地设施。着力构建县市区、乡镇(街道)、行政村(社区)三级全民健身设施网络和城市社区"10 分钟健身圈"。到 2020 年,力争人均体育场地面积达到 1.5 平方米,70%以上的市州、县市区建有规模适中的全民健身活动中心,70%以上的乡镇(街道)、行政村(社区)建有便捷、实用的公共体育健身设施,新建社区的体育设施覆盖率达到 100%。 体育场地设施用地纳入城乡规划、土地利用总体规划和年度用地计划,新建居住区和社区要严格落实按"室内人均建筑面积不低于 0.1 平方米或室外人均用地不低于 0.3 平方米"的标准配建全民健身设施的要求,确保与住宅区主体工程同步设计、同步施工、同步验收、同步投入使用。切实加强县级全民健身中心和社区多功能运动场建设,完善城市社区(居委会)全民健身室外路径和农村行政村(社区)农民体育健身工程建设。 充分利用我省独特的自然资源,建设公共体育设施。建设一批国家级和省级精品健身示范工程(包括 15 个社区体育健身示范俱乐部,15 个职工健身示范基地,15 个户外健身营地)。 老年人活动中心应配置适合老年人健身的体育设施,社区服务应兼顾老年人体育健身服务。鼓励、支持社会组织和个人举办老年人体育服务机构,兴办体育健身设施。健全残障人体育组织,培

续表

序号	省、市、自治区	相关政策	相关条款
18	湖南省	湖南省人民政府关于印发《湖南省全民健身实施计划(2016—2020年)》的通知(湘政发[2016]25号)	养为残障人服务的体育教师和社会体育指导员,实施"助残健身工程",为残障人建设就近方便的体育健身设施,为残疾人参加体育活动提供便利。 城市体育以社区为重点,加快推进街道和社区体育设施建设,不断改善社区居民体育健身环境和条件,提供基本公共体育服务
19	广东省	广东省人民政府关于印发《广东省全民健身实施计划(2016—2020年)》的通知(粤府[2016]119号)	全省人均体育场地面积达到2.5平方米以上。市、县(区)均建有体育场、全民健身中心和全民健身广场(公园),城乡普遍建成"15分钟健身圈",新建居住区和社区体育设施覆盖率达到100%,公共体育场地设施开放率达到92%以上,具备开放条件公办学校体育场地设施向社会开放比例达到65%以上。 加强公共体育场地设施建设。按照配置均衡、规模适当、方便实用、安全合理的原则,科学规划和统筹建设公共体育场地设施,着力构建县(市、区)、乡镇(街道)、行政村(社区)三级群众身边的全民健身设施网络和城市社区"15分钟健身圈"。地级以上市重点建设体育场、大中型全民健身中心、足球场、社区体育公园等符合无障碍建设标准的公共体育场地设施。县(市、区)重点建设一批便民利民的体育场馆、全民健身中心、全民健身广场(公园)、健身步道等符合无障碍建设标准的公共体育场地设施。乡镇(街道)重点建设全民健身广场、中小型足球场。村(社区)重点推动综合性文化体育服务中心及综合服务设施建设;对已实现农民体育健身工程全覆盖的行政村,有条件的要继续推进灯光标准篮球场、中小型足球场、健身路径、乡村健身步道等建设,并向自然村延伸。新建居住区、社区要严格落实按室内人均建筑面积不低于0.1平方米或室外人均用地不低于0.3平方米标准配建全民健身设施的要求,确保与住宅区主体工程同步设计、同步施工、同步验收、同步投入使用,不得挪用或侵占。老城区与已建成居住区无全民健身场地设施或现有场地设施未达到规划建设指标要求的,要因地制宜配建全民健身场地设施。充分利用旧厂房、仓库、老旧商

续表

序号	省、市、自治区	相关政策	相关条款
19	广东省	广东省人民政府关于印发《广东省全民健身实施计划(2016—2020 年)》的通知(粤府[2016]119 号)	业设施等闲置资源改造建设体育健身场地,并按标准增加无障碍设施。充分利用郊野公园、城市公园、公共绿地及城市空置场所等建设公共体育场地设施,进一步扩大城市绿地活动空间。以政府购买服务等方式,鼓励和吸引社会资本参与建设小型化、多样化的活动场馆和健身设施。 推进老年宜居环境建设,统筹规划建设公益性老年体育健身设施,推动社区养老服务设施与社区体育设施的功能衔接,推广适合老年人的健身项目和方法,为老年人体育健身活动提供便利条件和科学指导
20	广西壮族自治区	广西壮族自治区人民政府关于印发《广西全民健身实施计划(2016—2020 年)》的通知(桂政发[2016]56 号)	契合《广西壮族自治区国民经济和社会发展第十三个五年规划纲要》,以组织实施市县体育设施惠民工程为重点,继续实施包括“国门风采”全民健身示范工程、左右江革命老区全民健身工程等重大工程,加强体育公园、健身步道、体育广场、足球场、门球场、网球场等项目建设,在有条件的公园、绿地、广场配建体育健身设施,逐步合理增设儿童健身活动区。组织实施“基本公共体育设施扶贫工程”,支持 54 个贫困县的县、乡镇两级基本公共体育设施建设,支持全区 5 000 个贫困村基本公共体育设施建设,力争 5 年内实现“县县有全民健身活动中心、乡乡有灯光球场、村村有健身设施”,基本满足贫困地区各族群众对公共体育设施建设的需求。严格落实新建居住区和社区“室内人均建筑面积不低于 0.1 平方米或室外人均用地不低于 0.3 平方米”的标准配建全民健身设施,确保与住宅区主体工程同步设计、同步施工、同步验收、同步投入使用,不得挪用或侵占。老城区与已建成居住区无全民健身场地设施或现有场地设施未达到规划建设指标要求的,要因地制宜配建全民健身场地设施。合理合规利用废旧的工业和商业场地设施等闲置资源改造建设为健身场地设施;合理做好城乡空间的二次利用,推广多功能、季节性、可移动、可拆卸、绿色环保的健身

续表

序号	省、市、自治区	相关政策	相关条款
20	广西壮族自治区	广西壮族自治区人民政府关于印发《广西全民健身实施计划(2016—2020 年)》的通知(桂政发[2016]56 号)	设施;结合国家和自治区主体功能区、国家公园和旅游景区的规划与建设,充分利用广西独特的地貌和山水资源,依山沿岸临海建设自行车步道及露营地集群,在航运功能弱化的江河湖海建设船艇码头和水上运动基地,构建环北部湾、沿西江、纵山地户外体育休闲圈。 加强社区养老服务设施与社区体育设施的功能衔接,支持社区利用公共服务设施和社会场所组织开展适合老年人的体育健身活动,加大门球场等适合老年人的健身项目场地设施建设,发挥全民健身在解决人口老龄化方面的独特作用
21	海南省	海南省人民政府关于印发《海南省全民健身实施计划(2016—2020 年)》的通知(琼府[2016]112 号)	推进全民健身基础设施建设创新,提高全民健身基础设施综合利用水平,为群众提供更加便利、科学、安全、灵活、无障碍的健身场地设施。全面推进市县全民健身中心、社区多功能体育运动场建设,全民健身路径工程建设布局更加均衡,乡镇农民体育健身工程提档升级,实现全省行政村农民体育健身工程全覆盖,城市社区“15 分钟健身圈”基本形成。人均体育场地面积达到 1.8 平方米以上。 继续加大全民健身基础设施建设,满足群众健身需求。将公共体育健身设施建设纳入全省各级政府总体规划、国民经济和社会发展“十三五”规划、土地利用总体规划和城乡规划,按照国家公共文化服务体系建设标准,因地制宜、结合实际、突出特色,统筹建设一批便民利民的中小型体育健身场地设施,逐步按照常住人口配置公共体育服务设施。 继续推进市县全民健身中心、社区多功能运动场、县级公共体育场建设;将乡镇综合文化站和行政村文化室建设与实施农民体育健身工程建设相结合,逐步推进乡镇农民体育健身工程提档升级,实现行政村健身设施全覆盖。 加强社区养老服务设施与社区体育设施的功能衔接,提高使用率;支持社区利用公共服务设施和社会场所组织开展适合中老年人的体育健身活动,为中老年人健身提供科学指导

续表

序号	省、市、自治区	相关政策	相关条款
22	重庆市	重庆市人民政府关于印发《重庆市全民健身实施计划(2016—2020 年)》的通知(渝府发[2016]52 号)	科学规划和统筹建设全民健身场地设施,着力构建区县(自治县)、乡镇(街道)、村(社区)三级全民健身设施网络,打造城市社区"15 分钟健身圈",人均体育场地面积达到 1.7 平方米。 继续建设和完善区县级体育场(馆)、全民健身中心、农民体育健身工程、社区多功能公共运动场、示范性体育公园、登山步道(城市健身步道)、全民健身户外活动营地、残疾人自强健身工程(残疾人健身示范点)等场地设施以及公共体育场馆等活动场所。在条件适宜地区建设一批冰场和雪场。城市社区按照"室内人均建筑面积不低于 0.1 平方米或室外人均用地不低于 0.3 平方米"标准配套建设全民健身设施的规定,确保全民健身设施与住宅区主体工程同步设计、同步施工、同步验收、同步投入使用。鼓励各区县(自治县)利用工业园区、老旧社区建设一批能满足群众基本健身需求的全民健身场地设施,改造旧厂房、仓库、老旧商业设施等用于体育健身,在现有公园、城市绿地中融入体育功能,增设健身步道等回归自然的全民健身场地,缩小公共体育服务活动半径,丰富市民健身生活。 推进老年宜居环境建设,统筹规划建设公益性老年健身体育设施,加强社区养老服务设施与社区体育设施的功能衔接,提高使用率,支持社区利用公共服务设施和社会场所组织开展适合老年人的体育健身活动,为老年人健身提供科学指导。推动残疾人康复体育和健身体育广泛开展
23	四川省	四川省人民政府关于印发《四川省全民健身实施计划(2016—2020 年)》的通知(川府发[2016]53 号)	着力改善健身场地设施条件。县级以上地方人民政府要将公共体育健身设施建设与土地利用总体规划、城乡规划等相关规划充分衔接,科学规划和统筹建设全民健身场地设施。着力构建县、乡、村三级群众身边的全民健身设施网络和城市社区"15 分钟健身圈",人均体育场地面积达到 1.1 平方米。改善各类公共体育设施的无障碍条件,力争每个县(市、区)建成 1 个残疾人康复(健身)体育活动室 。统筹成都市、四川

续表

序号	省、市、自治区	相关政策	相关条款
23	四川省	四川省人民政府关于印发《四川省全民健身实施计划(2016—2020年)》的通知(川府发[2016]53号)	天府新区和周边城市规划,建设奥林匹克中心和单项赛事中心等大型体育基础设施,改善全民健身条件。市(州)重点建设并完善体育场、体育馆、游泳池和一批便民利民的体育场地设施,县(市、区)重点建设县级公共体育场、全民健身中心,市(州)、县(市、区)全民健身活动中心覆盖率达到80%。城市社区重点建设多功能运动场和小型多样的健身设施,农村乡镇和行政村继续实施农民体育健身工程,实现行政村健身设施全覆盖。 把建设足球场地纳入城镇化和新农村建设总体规划,因地制宜鼓励社会力量建设小型、多样化的足球场地
24	贵州省	贵州省人民政府关于印发《贵州省全民健身实施计划(2016—2020年)》的通知(黔府发[2016]26号)	加快城乡公共体育设施建设。加快市(州)所在地"一场两馆"(体育场、体育馆、游泳馆)建设,支持县(市、区、特区)建成一批便民利民的全民健身中心、公共体育场馆、游泳馆、社区多功能运动场。结合农村综合文化服务中心示范点设施建设,继续实施农民体育健身工程。支持大一型、大二型国有企业建设综合性体育健身设施,鼓励大型民营企业自建体育健身场馆。城市新建居住区和社区严格落实体育设施配建"三同步"(同步设计、同步施工、同步验收)要求,确保室内人均体育建筑面积不低于0.1平方米或室外人均体育用地不低于0.3平方米,规划建设的体育场馆不得挪用或侵占,老城区和已建成居住区全民健身场地设施未达到规划建设指标的,要因地制宜补齐。各级体育行政部门要参与城市新建居住区项目规划审查和竣工验收。鼓励支持各地充分利用闲置厂房、仓库、会堂、旧校舍、商业设施和"四荒"(荒山、荒沟、荒丘、荒滩)改造建设全民健身场地。切实增加公共体育设施总量和提高使用效率,各级财政资金和体育彩票公益金投资建设的体育惠民工程,免费或低收费向社会开放。积极推进有条件的学校体育设施向社会开放。到2020年,市(州)全部建成"一场两馆",县(市、区、特区)建成公共体育场馆或全民健身中心,城市社区"15分钟健身圈"基本完善。乡镇(街道)、行政村(社区)农民体育健身工程(体育健身设施)实现全覆盖。

续表

序号	省、市、自治区	相关政策	相关条款
24	贵州省	贵州省人民政府关于印发《贵州省全民健身实施计划(2016—2020 年)》的通知(黔府发[2016]26 号)	支持社区广泛开展适合老年人参加的体育健身交流活动,统筹规划建设公益性老年健身设施,加强社区养老服务设施与社区体育设施功能衔接。推动残疾人康复事业发展,加强残疾人社会体育指导员培训,为残疾人提供康复治疗和科学健身指导
25	云南省	云南省人民政府关于印发《云南省全民健身实施计划(2016—2020 年)的通知》(云政发[2016]112 号)	推进基础设施建设顶层设计更加科学化。公共体育健身设施建设纳入城乡规划、土地利用总体规划和年度用地计划,合理安排体育设施用地。按照国家城市居住区规划设计规范标准,设计建设新建居住区公共体育健身设施,不得挪用或侵占。加强城乡养老服务设施与体育设施功能衔接。全面拓展乡镇(街道)、行政村(社区)综合文化站体育服务功能,积极发挥基层综合文体活动中心的阵地作用。 新建、完善县级公共体育场(馆)项目 50 个,乡级健身设施项目 200 个,村级健身设施项目 1 200 个,城市社区多功能运动场 50 个。为城市社区、农村乡镇配置 1 200 套全民健身路径器材,实现县市区、乡镇(街道)、行政村(社区)公共体育设施显著提升,城市社区普遍建有“15 分钟健身圈”。 新建一批适应老年人、残疾人等特殊人群使用的体育场地设施,支持少数民族地区建设少数民族传统体育项目活动场地,让群众靠得近、用得上,方便就近、就便健身
26	西藏自治区	西藏自治区人民政府关于印发《西藏自治区全民健身实施计划(2016—2020 年)》的通知(藏政发[2016]75 号)	创新公共体育场馆运营管理。在国家投资建设的基础上,利用景区、城市公园、公共绿地等空间建设休闲健身设施,将旧厂房、仓库等闲置资源改造为健身场地,推广多功能、季节性、可移动、可拆卸、绿色环保的健身设施,推进大型体育场馆向公众免费低收费开放,增加体育场地设施供给。 推进全民健身设施体系建设“再升级”。按照提速、扩面的要求,持续加大体育基础设施建设的投入力度,到 2020 年实现县(区)级全民健身活动中心(包括“雪炭工程”)全覆盖、农牧民体育健身工程全覆盖,人均体育场地面积达到1.8平方米。科学规划和统筹建设城市全民健身设

续表

序号	省、市、自治区	相关政策	相关条款
26	西藏自治区	西藏自治区人民政府关于印发《西藏自治区全民健身实施计划(2016—2020年)》的通知(藏政发[2016]75号)	施,大力扩充健身路径、健身步道、笼式足球、社区多功能运动场、晨晚练点等小型便民体育设施的数量,初步形成城市社区"15分钟健身圈"。因地制宜建设农牧区全民健身设施,在高寒地区重点安装室内低强度、娱乐性健身器材,在海拔适宜地区着重建设具有改善农牧区人居环境功能的体育场地,使体育发展成果惠及更多农牧民群众。全民健身主动融入精准扶贫工程,为扶贫搬迁集中安置点建设健身场地、配置健身器材
27	陕西省	陕西省人民政府关于印发《陕西省全民健身实施计划(2016—2020年)》的通知(陕政发〔2016〕31号)	全民健身设施实现跨越发展。人均体育场地面积达到18平方米以上,城市普遍建有"15分钟健身圈",农村公共体育设施覆盖率超过70%,实现县级公共体育场全覆盖,进一步扩大公共体育设施免费或低收费开放数量。 研究制订"全运惠民"工程实施方案,加大全民健身设施供给侧改革力度,不断提升全民健身设施供给能力和服务水平。省级将统筹协调各地各方资源和力量,扎实推进以800里秦川渭河沿岸全民健身长廊、县级公共体育场及全民健身活动中心、陕南移民搬迁点健身器材配置工程、美丽乡村健身器材配置及农民体育健身工程、社区多功能运动场、陕北革命老区红色健身步道及延河健身长廊、汉江沿岸全民健身长廊、丹江沿岸全民健身长廊、秦岭户外运动健身基地、冰雪运动场馆建设为重点的"十大惠民工程",为城乡群众提供更多更好的健身设施条件。各市要充分利用废旧厂房、棚户区等产业升级改造遗留土地,在城市公园、广场、旅游景点,同步规划好体育健身设施场地,适时改造现有的公园、广场等公共场所,建设一批笼式足球、多功能健身场地等新型全民健身设施。市级有"一场两馆"(即:一个公共体育场、一个体育馆、一个游泳馆),县级有"三个一"(即:一个公共体育场、一个全民健身活动中心、一片室外运动场地),镇级有"三个一"(即:一个带看台的灯光球场、一片综合健身场地、一处室内健身用房),公园、社区有一个多功能健身场地,行政村、小区有配备健身器材的基本公共体育设施。

续表

序号	省、市、自治区	相关政策	相关条款
27	陕西省	陕西省人民政府关于印发《陕西省全民健身实施计划(2016—2020年)》的通知(陕政发〔2016〕31号)	重视老年群体的身心健康,各种全民健身公共设施对老年人群提供便利和优惠,发挥各级老年体协作用,开展有利于老年人参与、交流的学习培训班和赛事活动。 住房城乡建设和国土资源部门要完善规划与土地政策,将体育设施用地纳入城乡建设规划、土地利用总体规划和年度用地计划,落实好新建居住区和社区按"室内人均建筑面积不低于0.1平方米或室外人均用地不低于0.3平方米"标准配建全民健身设施的要求,确保与住宅区主体工程同步设计、施工、验收、投入使用,不得挪用或侵占
28	甘肃省	甘肃省人民政府关于印发《甘肃省全民健身实施计划(2016—2020年)》的通知(甘政发[2016]82号)	市州、县市区体育场、体育馆或全民健身中心、乡镇(街道)和行政村(社区)公共体育设施实现全覆盖,人均体育场地面积达到1.8平方米。全民健身的教育、经济和社会等功能充分发挥,与各项社会事业互促发展的局面基本形成,体育消费总规模达到80亿元,全民健身成为我省经济转型发展、促进体育产业发展、拉动内需和形成新的经济增长点的动力源。 按照配置均衡、规模适当、方便实用、安全合理的原则,科学规划和统筹建设全民健身场地设施,制定《甘肃省全民健身场地设施建设标准》,着力构建县市区、乡镇(街道)、行政村(社区)三级群众身边的全民健身设施网络,改善各类公共体育设施的无障碍条件。 有效扩大增量资源。全面推进甘肃丝绸之路体育健身长廊"四个一"提升工程,即:每个市州建成体育场、体育馆、游泳馆或滑冰馆、全民健身中心1场2馆1中心,每个县市区建成体育场、健身广场、体育馆、全民健身中心2场1馆1中心,每个乡镇(街道)建成不少于开展4个体育运动项目的综合健身场馆。全省每年新建乡镇农民体育健身工程、乡镇和社区体育健身中心200个,行政村农民体育健身工程2 000个。

续表

序号	省、市、自治区	相关政策	相关条款
28	甘肃省	甘肃省人民政府关于印发《甘肃省全民健身实施计划(2016—2020年)》的通知(甘政发[2016]82号)	推进城市社区"10～15分钟健身圈"建设,重点加强健身长廊、健身广场、健身步道、健身路径、体育公园、社区多功能运动场建设。全省每年新建健身路径1 000套、社区多功能运动场100个。新建居住区和社区要严格落实按"室内人均建筑面积不低于0.1平方米或室外人均用地不低于0.3平方米"的标准配建全民健身设施,建立由体育部门全程参与的监督和验收机制,确保全民健身设施与住宅区主体工程同步设计、同步施工、同步验收、同步投入使用,任何单位和个人不得挪用或侵占。老城区与已建成居住区无全民健身场地设施或现有场地设施未达到规划建设指标要求的,要因地制宜配建全民健身场地设施。 鼓励各地充分利用废旧厂房、空置楼宇和"四荒"(荒山、荒沟、荒丘、荒滩)等闲置资源,改造和规划建设多功能全民健身场地设施。加大对城市居住区和办公区绿地、公园、广场等公共空间的开发利用,因地制宜增建全民健身设施。鼓励各地在人口密集区推广多功能、季节性、可移动、可拆卸、绿色环保的健身设施
29	青海省	青海省人民政府关于印发《青海省全民健身实施计划(2016—2020年)》的通知(青政[2016]94号)	市(州)全民健身场馆、县(市、区)级全民健身中心、乡镇全民健身广场、行政村全民健身站、社区全民健身点、寺院健身路径覆盖率达到100%,学校体育场地设施与器材配置达标率达到100%,全省人均体育场地面积达1.8平方米以上。 健身设施布局便民化。统筹规划、优化布局,重点建设、梯次推进,加快全民健身示范中心、示范园区、示范基地、示范场馆和体育特色小镇、体育公园建设,优化全民健身发展区域,形成全民健身示范区、示范点、集聚区、功能区和健身休闲产业带。提高各类体育设施的开放率和利用率。重点建设便民利民的非标准足球场地、中小型体育场馆、户外多功能球场、自行车道、健身步道等场地设施,着力构建市(州)体育活动场馆、县(市、区)级全民健身中心、乡镇全民健身广场、行政村全民健身站和社区全民健身点(含寺院健身路径)四级全民健身设施网络,新建居住区和社区全民健身设施实现全覆盖。引导社会力量参与健身休闲设施规划、建设、运营,盘活现有体育场馆资源,打造健身休闲综合服务体

续表

序号	省、市、自治区	相关政策	相关条款
30	宁夏回族自治区	自治区人民政府办公厅关于印发《宁夏回族自治区全民健身实施计划(2016 年—2020 年)》的通知(宁政办发[2016]190 号)	全区人均体育场地面积达到 2.2 平方米以上。进一步扩大公共体育设施免费低收费开放数量,公共体育场馆全部向社会开放。全区县级以上城区普遍建成“10 分钟健身圈”,乡镇(街道)健身工程全覆盖,村级(社区)健身工程在全覆盖的基础上实现提档升级,形成布局合理、互为补充、覆盖面广、普惠性强的全民健身设施网络。 深入挖掘宁夏特色文化,传承少数民族体育非物质文化遗产,在建设体育文化长廊、体育文化公园、体育文化广场、健康促进服务中心时,以歌舞、文化导识、景观雕塑等百姓喜闻乐见的形式进行立体呈现,营造浓厚的全民健身文化氛围。 按照《宁夏基本公共体育服务体系建设标准》,坚持配置均衡、规模适当、方便实用、安全合理的原则,做好全民健身场地设施建设规划。实施“46343”工程,重点建设 10 个体育健身公园,60 个社区多功能运动场,100 千米全民健身步道,新建改建一批便民利民的中小型体育场馆、县级体育场馆、全民健身中心、社区多功能运动场等类型的场地设施,建成宁夏体育运动学校、体育运动训练管理中心和青少年足球训练基地,着力构建县(市、区)、乡镇(街道)、行政村(社区)三级群众身边的全民健身设施网络。 积极鼓励社会资本参与新建体育场馆建设与运营,支持社会力量建设小型、多样的运动场地设施并参与管理运营。实施体育场馆免费、低收费开放的补助政策,执行体育场馆税收优惠政策,积极推动各级各类公共体育设施免费或低收费开放,提高公共体育场馆利用率。 “46343”工程:基本公共体育设施县级、街道、乡镇、社区和行政村分别达到以下标准: 4:县级达到“4 个 1”(1 个体育场、1 个体育馆、1 个全民健身中心或游泳馆、1 个体育公园或健身广场)。 6:街道达到“3 场 2 室 1 广场”(3 场:篮球场、门球场和小型足球场或羽毛球场;2 室:乒乓球室和棋牌室;1 广场:社区多功能公共运动场)。

续表

序号	省、市、自治区	相关政策	相关条款
30	宁夏回族自治区	自治区人民政府办公厅关于印发《宁夏回族自治区全民健身实施计划(2016年—2020年)》的通知(宁政办发[2016]190号)	3:乡镇达到“2室1工程”(2室:乒乓球室和棋牌室;1工程:乡镇农民健身工程)。 4:社区达到“2场1室1广场”(2场:室外乒乓球场和小型足球场或羽毛球场;1室:棋牌室或健身活动室;1广场:社区文体活动广场)。 3:行政村达到“1场1室1工程”(1场:室外篮球场;1室:健身活动室;1工程:村级农民健身工程)
31	新疆维吾尔自治区	《新疆维吾尔自治区人民政府》关于印发《新疆维吾尔自治区全民健身实施计划(2016—2020年)》的通知(新政发[2017]14号)	筹建全民健身场地设施,方便群众就近就便健身。按照配置均衡、规模适当、方便实用、安全合理的原则,结合各类文化场所设施建设,科学规划和统筹建设全民健身场地设施。推动公共体育设施建设,着力构建县(市、区)、乡镇(街道)、行政村(社区)三级群众身边的全民健身设施网络和城市社区“15分钟健身圈”,人均体育场地面积达到2平方米,改善各类公共体育设施的无障碍条件。编制各级全民健身场地设施建设规划,**重点建设一批便民利民的中小型体育场馆,着力推进全民健身活动中心、县级体育场、笼式足球场、社区多功能运动场的建设**;继续实施乡镇农民体育健身工程和行政村农牧民体育健身工程,力争县级全民健身活动中心全覆盖,乡镇农民体育健身工程达到60%。各县(市、区)实施“111”标准,即有1个体育馆(全民健身活动中心)、1个体育(足球)场和1批户外休闲体育健身设施(全民健身路径、步道、体育公园等);乡镇农民体育健身工程实施“1141”标准,即有1个篮(排)球场、1个笼式足球场、4个乒乓球台和1套全民健身路径;行政村和社区建有便捷、实用的体育设施。进一步盘活存量资源,做好已建全民健身场地设施的使用、管理和提档升级,鼓励社会力量参与现有场地设施的管理运营。充分利用旧厂房、仓库、老旧商业设施、农村“四荒”(荒山、荒沟、荒丘、荒滩)和空闲地等闲置资源,改造建设为全民健身场地设施,合理做好城乡空间的二次利用,推广多功能、季节性、可移动、可拆卸、绿色环保的健身设施。利用社会资金,结合主体功能区、风景名胜区、

续表

序号	省、市、自治区	相关政策	相关条款
31	新疆维吾尔自治区	《新疆维吾尔自治区人民政府》关于印发《新疆维吾尔自治区全民健身实施计划(2016—2020年)》的通知(新政发[2017]14号)	公园、旅游景区和新农村的规划与建设,合理利用景区服务区、郊野公园、城市公园、公共绿地、广场及城市空置场所建设休闲健身场地设施。鼓励场地设施公建民营的建设运营方式,鼓励社会资本参与体育场馆建设与运营,支持社会力量建设小型、多样的运动场地设施

全国体育标准化技术委员会
设施设备分技术委员会

全国体育标准化技术委员会设施设备分技术委员会(SAC/TC 456/SC 1)成立于2008年10月,是由国家标准化管理委员会、国家体育总局共同批准成立的专业标准化技术组织,主要负责体育设施设备领域(不含运动器材制造)标准化工作,并协助全国体育标准化技术委员会承担国际标准化组织相应技术委员会的国内对口工作,以及结合我国体育设施设备实际情况,认真研究国际标准和国外先进标准,加速体育设施设备标准的制修订工作,不断完善体育设施设备标准化体系,推动我国体育设施设备标准化工作持续发展,为推动体育事业和体育产业发展,建设体育强国提供标准技术支撑。

北京华安联合认证检测中心有限公司简介

北京华安联合认证检测中心有限公司是经国家体育总局、国家认证认可监督管理委员会批准成立的体育专业技术服务机构,承担国家体育总局体育设施建设和标准办公室、全国体育标准化技术委员会设施设备分技术委员会具体工作职能。主要从事体育设施设备政府标准(国家标准、行业标准、地方标准)和市场标准(团体标准、企业标准)制修订、体育服务认证、体育产品认证和第三方体育设施场地检测验收工作。

北京华安联合认证检测中心有限公司长期多次协助国家体育总局相关司局处室、部分运动项目管理中心、体育行业协会,完成各项公共服务、标准制定、政策研究、专题培训等技术服务工作,并根据企业关注方向,把握体育产业热点,以专业的教师资源提供高效优质的培训服务。

地址:北京市丰台区南三环中路15号院8号楼(100075)
电话:010-67687894　　传真:010-67687894
网址:www.hauc.cn
www.sport.gov.cn(国家体育总局-办事服务-体育服务认证)
微信:体育标准资讯与服务

公司简介

COMPANY PROFILE

深圳市好家庭实业有限公司（以下简称“好家庭集团”），成立于1994年，是中国领先的运动与健康整体解决方案提供者。好家庭集团业务由公共体育、健身科技、TopSupport国际运动表现与康复中心组成。涵盖了公共体育设施设备，体育工程与体育地产，体育公园规划设计与施工，室外智能健身房与智能健身场馆建设，商业健身会所规划设计与设备提供，全民健身综合体规划设计与建设，智能健身房整体解决方案，竞技体育、体能训练康复解决方案与服务，室内外健身设备器材等领域。

公共体育

健身科技

体能训练

好家庭集团作为全国大型的公共体育和竞技体育整体服务解决方案服务商，是国家高新技术企业，拥有多项自主知识产权、100多项专利，在全国40多个城市设有分公司。2018年，好家庭集团品牌价值已达87亿元。

经过多年深耕细作，好家庭集团先后获得了中国驰名商标、中国名牌、国家体育产业示范单位、中国健身器材行业标志性品牌、中国设计红星奖、中国健身器材制造行业产品研发创新奖、广东省群众体育工作先进单位、中国奥委会标志使用特许企业、深圳市老字号等荣誉称号，对我国体育产业的发展建设做出了突出贡献。

• 国际运动表现与康复中心

• 单位企业健身房

• 轨道棋

• 笼式球场

• 户外路径

• 室外智慧健身房

好家庭网上商城

好家庭集团微信

深圳市好家庭实业有限公司
SHENZHEN GOODFAMILY ENTERPRISE CO.,LTD

深圳市人民南路国贸大厦37层
0755-82213888 / 82213999

www.goodfamily.com
4000 844 888

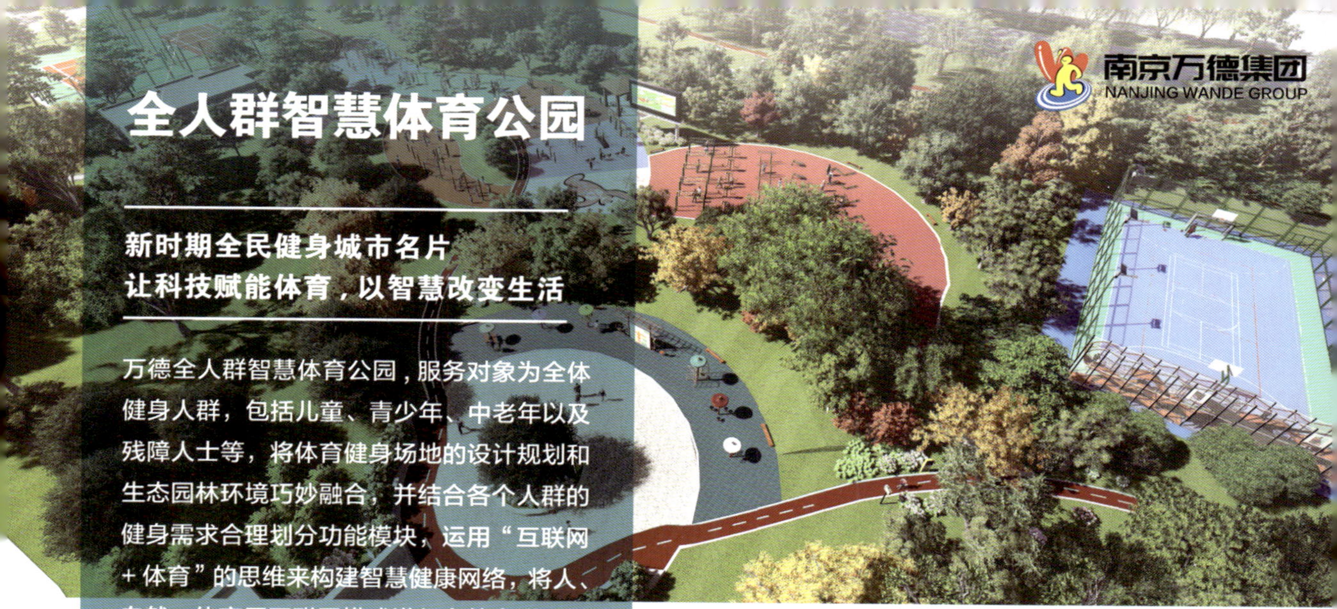

全人群智慧体育公园

新时期全民健身城市名片
让科技赋能体育，以智慧改变生活

万德全人群智慧体育公园，服务对象为全体健身人群，包括儿童、青少年、中老年以及残障人士等，将体育健身场地的设计规划和生态园林环境巧妙融合，并结合各个人群的健身需求合理划分功能模块，运用“互联网＋体育”的思维来构建智慧健康网络，将人、自然、体育用互联网模式进行自然串联，对内实现以更加精细和动态的方式管理智慧体育公园，突出资源管理优势，对外为运动人群提供科学健身服务，让其享受健康便利的智慧化健身生活，最终达到科学健身的目的。

全人群智慧体育公园的全球首创者
全民健身智慧路径的创新领跑者
400-666-7333

功能区规划

按照人体机能原理和运动规律，以及不同的年龄层次的运动需求特征，对体育公园的运动场景建设进行功能设计和配置，细分为六大核心功能区

- 儿童区 1
- 青少年区 2
- 成年人区 3
- 4 老年休闲区
- 5 残障人士康复区
- 6 通用区

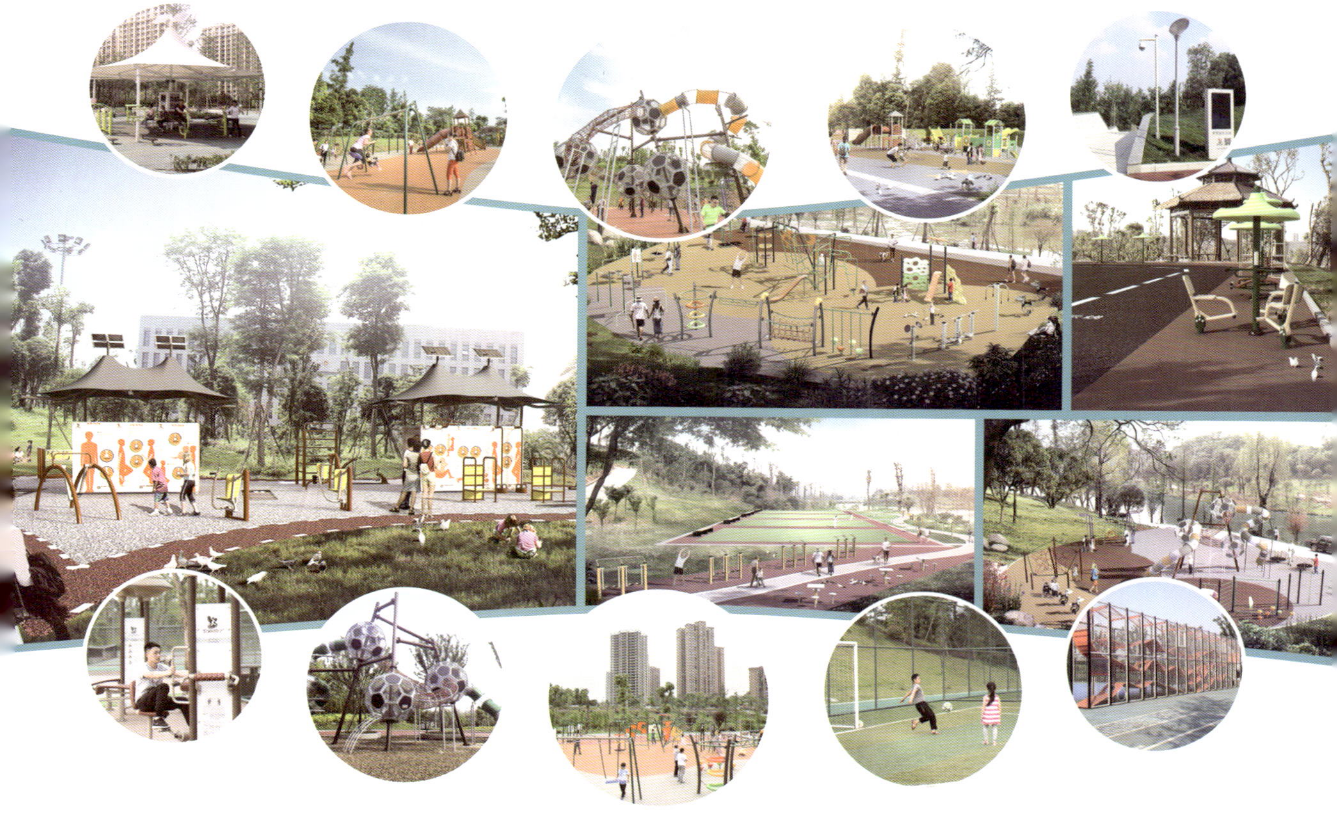